Rheinisch-Westfälische Akademie der Wissenschaften

Natur-, Ingenieur- und Wirtschaftswissenschaften   Vorträge · N 374

Herausgegeben von der
Rheinisch-Westfälischen Akademie der Wissenschaften

KARL HEINZ BÜCHEL

Die Bedeutung der Produktinnovation in der Chemie
am Beispiel der Azol-Antimykotika und -Fungizide

Westdeutscher Verlag

358. Sitzung am 5. April 1989 in Düsseldorf

CIP-Titelaufnahme der Deutschen Bibliothek

Büchel, Karl H.:
Die Bedeutung der Produktinnovation in der Chemie am Beispiel der Azol-Antimykotika und -Fungizide / Karl Heinz Büchel. [Hrsg. von d. Rhein.-Westfäl. Akad. d. Wiss.]. - Opladen: Westdt. Verl., 1989
 (Vorträge / Rheinisch-Westfälische Akademie der Wissenschaften: Natur-, Ingenieur- und Wirtschaftswissenschaften; N 374)
ISBN 978-3-531-08374-2   ISBN 978-3-322-88172-4 (eBook)
DOI 10.1007/978-3-322-88172-4
NE: Rheinisch-Westfälische Akademie der Wissenschaften (Düsseldorf): Vorträge / Natur-, Ingenieur- und Wirtschaftswissenschaften

Der Westdeutsche Verlag ist ein Unternehmen der Verlagsgruppe Bertelsmann International.

© 1989 by Westdeutscher Verlag GmbH Opladen

Herstellung: Westdeutscher Verlag

Inhalt

Karl Heinz Büchel, Leverkusen
Die Bedeutung der Produktinnovation in der Chemie
am Beispiel der Azol-Antimykotika und -Fungizide

1. Historischer Rückblick	7
1.1 Ernährung	7
1.2 Gesundheit	9
2. Die Azole	10
2.1 Arbeitshypothese	10
2.2 Variabilität der Azole	11
3. Biologisch aktive Strukturtypen innerhalb der Azole	13
3.1 Tritylazole	13
3.1.1 Canesten	13
3.1.2 Persulon, Mycospor und Twent	14
3.2 Etherketone und Etheralkohole	15
3.2.1 Bayleton	16
3.2.2 Baytan	16
3.2.3 Baycor	16
3.2.4 Baypival	29
3.3 Hydroxyethylazole	29
Folicur/Raxil	30
3.4 Azole aus anderen Arbeitskreisen	32
4. Stereochemie und biologische Aktivität	33
4.1 Vinylazole	33
4.2 Triazolyl-*N*, *O*-Acetale	34
5. Wirkungsmechanismus der Azole	36
6. Molecular Modelling	37
7. Sicherheitsforschung	38
8. Schlußwort	40

Diskussionsbeiträge
   Professor Dr. med., Dr. rer. nat. *Wilhelm Stoffel;* Professor Dr. rer. nat., Dr. h. c. mult. *Karl Heinz Büchel;* Professor Dr. med. *Ludwig E. Feinendegen;* Professor Dr. med. *Egon Macher;* Professor Dr. rer. nat., Dr. h. c. mult. *Günther Wilke;* Professor Dr. agr. *Fritz Führ* 43

1. Historischer Rückblick

1.1 Ernährung

Seit den frühesten Zeiten des Landbaus waren Pflanzenkrankheiten, Schädlinge und Unkräuter das Schicksalhafteste, das den Bauern um seine Ernte brachte (Tafel I).

In einem Erlaß aus dem Jahre 1749 befiehlt Kaiserin MARIA THERESIA ihren Untertanen in der Wallachei, „ungesäumt mit Rett- und Vertilgungsmitteln gegen die Heuschreckenplage vorzugehen". Die Methoden waren Rauchfeuer oder simpel Totschlagen der „Tierl" mit Pritschen und Dreschflegeln. Während man nach dem Fraß der Schadinsekten durch Absammeln und Totschlagen sogar den großen Heuschrecken wenigstens entgegenwirken konnte, war das wuchernde Unkraut in freilich mühsamer und nicht endender Arbeit durch Hacken und Jäten einigermaßen zu beseitigen.

Die Pilzerkrankungen Rost, Mehltau oder Brand aber breiteten sich über die Felder aus wie ein unheimliches Verhängnis, da die eigentlichen Erreger nicht sichtbar sind. Sie beschäftigten die Einbildungskraft der Landleute um so mehr, weil es sich um erkrankte Pflanzen handelte, deren Heilung, entsprechend dem erkrankten menschlichen Körper, sehr erwünscht war.

Kein Wunder, wenn in der Frühzeit des Landbaus darüber mystische und magische Vorstellungen dominierten. Trotzdem bietet die alte Literatur Hinweise auf Versuche erster protektiver, quasi-chemischer Behandlungmethoden. So schreibt VERGIL in seiner Georgica: „Ich habe gesehen, daß manche ihr Saatgut behandeln, bevor sie es säen. Sie legen es in Salpeter und Amurca, um ein volles Korn hervorzubringen."

Eine mehr oder weniger planmäßige Anwendung fungizid wirksamer Substanzen setzte im 19. Jahrhundert ein, sicherlich zum Teil in Zusammenhang damit, daß man seit den bahnbrechenden Arbeiten von ROBERTSON und DE BARY den pilzlichen Ursprung vieler Pflanzenkrankheiten erkannt hatte – ein Wissen, das sich aber keineswegs schnell durchsetzte.

Neben Schwefel war Kupfer das zweite Standardfungizid der „vororganischen Ära". Schon B. PRÉVOST hatte 1807 die Beobachtung verwertet, daß Weizen kaum von Brand befallen wurde, wenn das Saatgut in Kupferkesseln mit Kalkmilch behandelt worden war, die Erkrankung aber durchaus auftrat, wenn Holzbottiche benutzt wurden. Aber den eigentlichen Durchbruch erzielte das Kupfer als Fungizid erst mit der Entdeckung der Bordeaux-Brühe, die ihre Verbreitung der richtigen Interpretation einer Zufallsbeobachtung verdankt: Der französische Botaniker und Arzt PIERRE MARIE ALEXIS MILLARDET beobachtete 1882 bei einem Besuch in St. Julien in der Medoc an einigen straßennahen Rebstöcken, daß diese unter einem bläulich weißen Belag gesunde Trauben trugen, während die umliegenden Weinberge schwer von Falschem Mehltau befallen waren. Seine Erkundigungen ergaben, daß der Winzer die Rebstöcke mit einer Mischung aus Kupfervitriol und Kalkmilch behandelt hatte – aber keineswegs, um den Falschen Mehltau zu bekämpfen, sondern um „den Lausbuben das Naschen zu verleiden".

MILLARDET stellte seine Beobachtungen experimentell nach, und schon wenige Jahre später hatte sich die Bordeaux-Brühe als wirksames Bekämpfungsmittel gegen die Falschen Mehltauarten im Weinbau und später auch im Kartoffelbau durchgesetzt.

In den 30iger und 40iger Jahren brachten die organischen Fungizide des Dithiocarbamat- und Phthalimid-Typs einen Durchbruch (Abb. 1). Obwohl diese Pflanzenschutzmittel nur protektiv, das heißt prophylaktisch eingesetzt werden konnten, fanden sie breite Anwendung, da sie gut pflanzenverträglich waren und gegenüber einem breitem Spektrum an Erregern wirksam waren. Ein weiterer Meilenstein in der Entwicklung der Fungizide war die Entdeckung der sogenannten systemischen Fungizide – das sind Substanzen, die von den Pflanzen aufgenommen und in ihnen transportiert werden. Leider besaßen die ersten Vertreter nur ein sehr enges Wirkungsspektrum. Das viel größere Wirkspektrum der Benzimi-

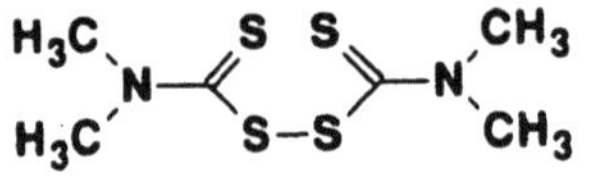

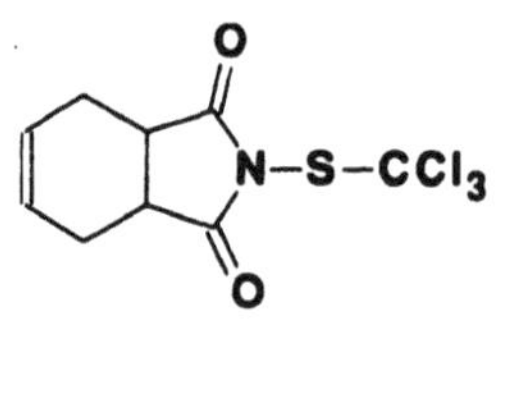

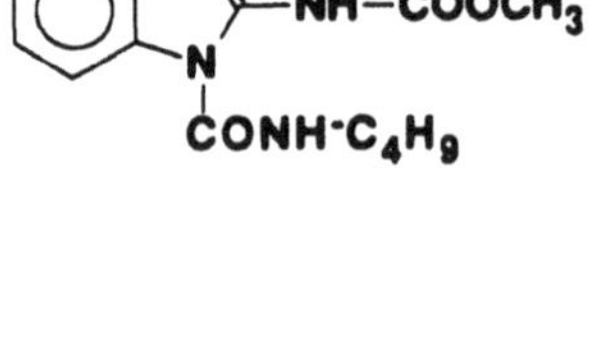

Abb. 1: Strukturen: Dithiocarbamat-, Phthalimid- und Benzimidazol-Fungizid

dazol-Fungizide erlaubte einen viel breiteren Einsatz. Anfänglich konnten diese Mittel eingesetzt werden, um eine Vielzahl von Pflanzenkrankheiten zu bekämpfen, aber sehr rasch trat ein neues, zuvor bei konventionellen Fungiziden nie beobachtetes Phänomen auf – nämlich die Resistenz. Das heißt: Beim Pflanzenschutz bestand der dringende Bedarf nach neuen, breit wirksamen Fungiziden.

1.2 Gesundheit

Wenden wir uns nun dem Menschen und seinen Erkrankungen zu. Tafel IIa) zeigt eine Paracoccidiomykose. Woran wir heute meist nicht mehr denken, ist, wie schwierig und langwierig es noch vor ca. 25 Jahren war, eine Paracoccidiomykose oder auch eine leichtere Pilzerkrankung zu heilen. Bis zu den frühen 60iger Jahren waren nur wenige Substanzen für die Therapie von Humanmykosen verfügbar (Abb. 2).

Parenterale Mykosen konnten nur mit dem relativ toxischen Amphotericin B behandelt werden. Die strukturell ähnlichen Antibiotika Nystatin und Pimaricin konnten mit begrenztem Erfolg für die topische Behandlung von Hefeinfektionen

Abb. 2: Strukturen: Amphotericin B, Griseofulvin, 5-Fluorcytosin

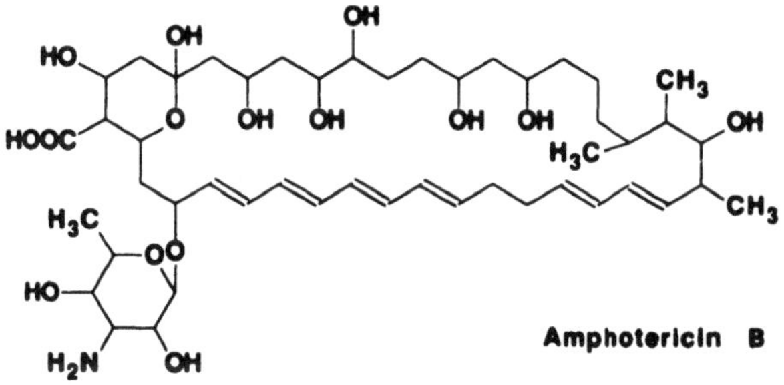

Amphotericin B

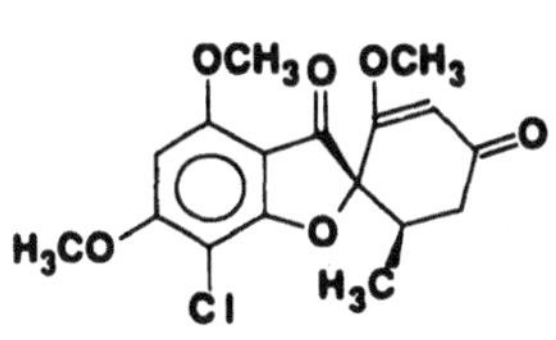

Griseofulvin

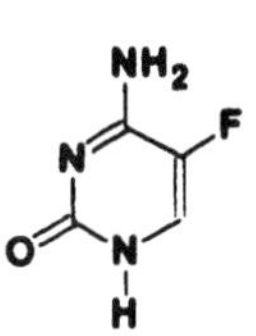

5-Fluorcytosin

von Schleimhäuten eingesetzt werden. Griseofulvin, das OXFORD und Mitarbeiter 1939 aus *Penicillium griseofulvum* isoliert hatten, zeigte nach oraler Gabe eine gewisse Aktivität bei Dermatophytosen und Onychomykosen. Gegenüber so wichtigen pathogenen Pilzen wie Candida, Cryptococcus, Histoplasma und Aspergillus ist Griseofulvin jedoch nicht wirksam. In den späten 60iger Jahren wurde dann 5-Fluorcytosin zur Therapie von Humanmykosen eingeführt. Dieses Arzneimittel stellte zwar einen bedeutenden Fortschritt dar, es darf aber nicht übersehen werden, daß eine Therapie mit 5-Fluorcytosin eine sehr lange Behandlungsdauer erforderte. Zusammenfassend kann man sagen: der Therapiestand war niedrig, und die zur Verfügung stehenden Arzneimittel waren unbefriedigend wirksam und relativ toxisch.

Am Beispiel der Produktinnovationen der Azolfungizide wird im folgenden gezeigt:
- die Evolution der Wirkstoffe bezüglich Leistung und Sicherheit,
- Beweis der These: Die Chemie kann ihre Probleme durch bessere Produkte und Verfahren selbst lösen – dem Sympathiedefizit der Chemie und der Forderung „ohne Chemie" ist entgegenzuwirken; und
- die Freude des Chemikers an seinen Produkten, wenn sie essentielle Probleme des Menschen lösen.

2. Die Azole

Mit den in 1-Stellung substituierten Imidazolen und 1,2,4-Triazolen haben wir 1966 eine neue Gruppe von hochaktiven Fungiziden und Antimykotika entdeckt.

2.1 Arbeitshypothese

Unsere Arbeiten über die Azolantimykotika gingen von der Modellvorstellung aus, daß Verbindungen, die *in vivo* reaktive Carbeniumionen bilden können, biologische Wirkungen zeigen.

Im Hinblick auf die biologische Aktivität solcher potentieller Carbeniumionen hielten wir auch die Tritylimidazole für interessant (Abb. 3).

Acylderivate von Imidazolen zeigen nach H. STAAB durch Einbeziehung des Amid-Stickstoff-Elektronenpaares in das π-System des Imidazols eine erhöhte Aktivität des Acyl-Kohlenstoffs. Ähnliches sollte auch für 1-Tritylimidazole gelten.

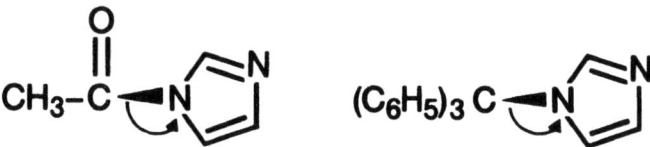

Abb. 3: Strukturen: Imidazolid, Tritylimidazol

Zur Überprüfung unserer – sicher noch sehr groben – Modellvorstellung synthetisierten wir daher zunächst eine Reihe von substituierten *N*-Tritylazolen und ließen sie auf ihre biologische Wirksamkeit überprüfen.

Schon bei den ersten Beispielen zeigte sich in den von Dr. Plempel aufgebauten biologischen Prüfmodellen eine hervorragende Wirkung gegen humanpathogene Pilze. Bei der Prüfung gegen pflanzenpathogene Pilze fanden Dr. Grewe und Dr. Kaspers die hervorragende Wirkung gegen den Echten Mehltau. Hervorzuheben ist, daß sich die biologische Aktivität dieser neuen Substanzklasse nicht nur in *in vitro*-Tests, sondern auch bei *in vivo*-Versuchen zeigte.

2.2 Variabilität der Azole

Bei Abwandlungen des Tritylimidazol-Systems durch Ersatz des Imidazolrestes durch andere stickstoffhaltige Gruppen stellte sich bald heraus, daß die sehr guten antifungischen und antimykotischen Eigenschaften im wesentlichen bei Verbindungen des unsubstituierten Imidazols, des 1,2,4-Triazols und – schon eingeschränkt – des 1,2,3-Triazols zu beobachten waren. Alle anderen Trityl-Variationen von substituierten Imidazolen, Benzimidazolen, weiteren Heterocyclen, homologen offenkettigen Amidinen, Hydrazonen und Anilinen fallen im Wirkungsgrad stark ab oder zeigen überhaupt keine Wirkung mehr. Die Substituenten am zentralen Kohlenstoff der Azole ließen sich jedoch weitgehend variieren, ohne daß damit ein Wirkungsverlust verbunden ist.

Diese Befunde machen deutlich, daß unsere ursprüngliche Arbeitshypothese modifiziert werden muß. Da eine hohe biologische Aktivität nur bei Imidazolen und 1,2,4-Triazolen gefunden wird, ist anzunehmen, daß dem Azolrest und nicht den Carbeniumionen im biologischen Ablauf eine entscheidende Rolle zukommt. Offenbar ist für die Nahorientierung des Moleküls am Wirkungsort und für die Wechselwirkung des Wirkstoffes mit dem Rezeptor das Strukturelement „Azol" essentiell.

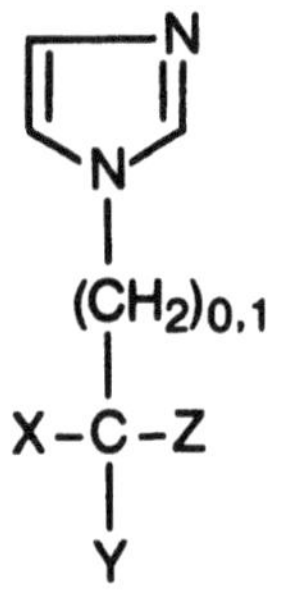

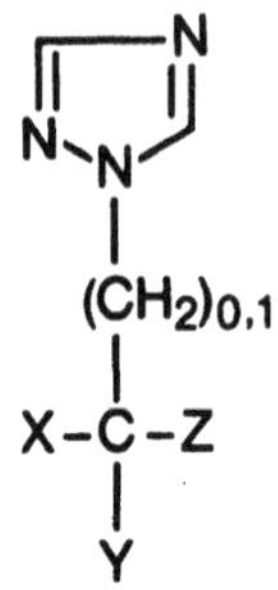

$$N = 4\left(\frac{n}{3} + \frac{n^2}{2} + \frac{n^3}{6}\right)$$

N = Number of possible active compounds in the azole group
[for imidazoles and 1,2,4-triazoles]
n = Number of different substituents X, Y, and Z

n	10	50	100	200
N	880	88,400	688,800	5,413,600

Abb. 4: Variabilität des Azol-Systems

Unsere Untersuchungen haben aber auch gezeigt, daß die chemische Variabilität innerhalb der Azolgruppe unter Erhalt der fungiziden bzw. antimykotischen Eigenschaften außerordentlich groß ist (Abb. 4). Sie läßt sich durch ein einfaches Rechenmodell darstellen. Bezeichnet man die Substituenten am Methyl-Kohlenstoff der substituierten Imidazole und 1,2,4-Triazole mit X, Y und Z und die Anzahl der möglichen Variationen dieser drei Reste mit n, so läßt sich die Anzahl N der möglichen Verbindungen pro Azolgruppe leicht berechnen. Im Fall von n = 200, was für verschiedene X, Y und Z ein sicher sehr bescheidener Ansatz ist, bedeutet das, daß – bei Imidazol und Triazol als Aminkomponenten – bereits über 5,4 Millionen wirksame Präparate möglich sind!

Die Fülle der synthetischen Möglichkeiten und die damit verbundene Auswahlmöglichkeit für Biologie und Medizin ist das Besondere an der Azolklasse. Sie ist von der Chemie noch lange nicht ausgeschöpft. Es verwundert auch nicht, daß eine solche Entdeckung die ganze Branche befruchtet. In vielen Laboratorien der Welt werden heute Anstrengungen unternommen, ebenfalls in diesem Gebiet Fuß zu fassen.

3. Biologisch aktive Strukturtypen innerhalb der Azole

3.1 Tritylazole

3.1.1 Canesten

Unter den von uns synthetisierten Tritylimidazolen zeigte das in einem Phenylring *ortho*-chlorsubstituierte Präparat Bay b 5097 hinsichtlich Wirkungsbreite und kinetischen Eigenschaften besondere Vorteile und wurde daher in die Entwicklung genommen (Abb. 5).

Unter dem Handelsnamen CANESTEN® (generischer Name Clotrimazol) ist es 1973 als erstes Breitbandantimykotikum eingeführt worden und hat sich vor allem in den topischen Anwendungsformen im Markt weltweit erfolgreich durchgesetzt.

Sein Wirkungsspektrum umfaßt sowohl Dermatophyten, Hefen und Schimmelpilze als auch gram-positive Keime und Trichomonaden. In der Tat ist es heute das Standardarzneimittel zur lokalen Behandlung von Dermatomykosen und Vaginalmykosen. Es ist auch zur Behandlung von schweren Hefe- und Dermatophyten-Infektionen oral einsetzbar. In zahlreichen Fällen ist mit CANESTEN® gegen schwere Systemmykosen lebensrettend therapiert worden.

Die Abbildungen Tafel IIb) und c) zeigen den ersten mit Clotrimazol behandelten Lokalfall in der Klinik Freiburg im Jahre 1969. Tafel IIb) zeigt den Patienten vor der Behandlung mit einem chronischen, Amphotericin B resistenten Candida Granulom. Nach Lokaltherapie mit Clotrimazol ist der Patient drei Monate später rezidivfrei (Tafel IIc).

Tafel III zeigt den Behandlungserfolg bei einer mehrjährigen rezidivierenden Candida-Pneumonie durch orale Therapie mit Clotrimazol.

Vor der Behandlung (Tafel IIIa) war der Patient praktisch moribund. Aus einem Milliliter Sputum bilden sich mehr als 5000 Kolonien. Nach fünfwöchiger Oral-

Abb. 5: Struktur Canesten

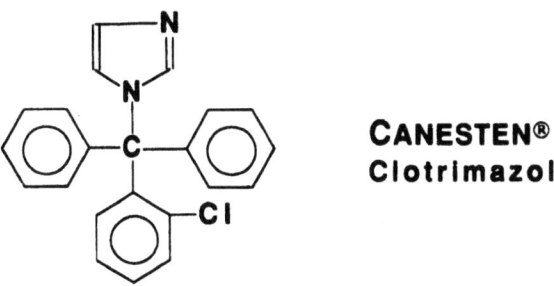

Therapie mit 3 × 20 mg/kg Körpergewicht war der Patient vollständig klinisch geheilt (Tafel IIIb).

3.1.2 Persulon, Mycospor und Twent

Weitere Handelsprodukte der Tritylazole sind PERSULON® und im weiteren Sinne auch MYCOSPOR® und TWENT® (Abb. 6).

PERSULON® ist ein Nicht-Systemisches Pflanzenschutz-Fungizid. Es besitzt eine besondere Wirkungsspitze gegen den Echten Mehltau im Getreide- und Gemüsebau und ist bereits mit einer Aufwandmenge von etwa 100 g Wirkstoff pro Hektar voll wirksam.

Neben guten fungiziden Eigenschaften wirkt TWENT® auch hervorragend gegen Propionobacterium acne und wird deshalb als Wirkstoff in Aknemitteln eingesetzt. MYCOSPOR®, das halogenfreie Analoge des TWENTS® ist ein topisches Breitspektrumantimykotikum, das sich durch sehr lange Verweilzeiten in der Haut auszeichnet. Für den Patienten bedeutet das, daß er seine Creme nur einmal am Tage auftragen muß. Die Abbildungen Tafel IV demonstrieren die hervorragende Wirkung von MYCOSPOR®. Die durch Trichophyton Spezies verursachte

Abb. 6: Strukturen: Persulon, Mycospor, Twent

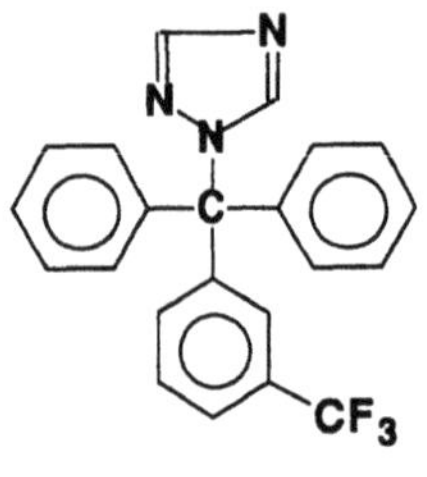

PERSULON®
Flutrimazol

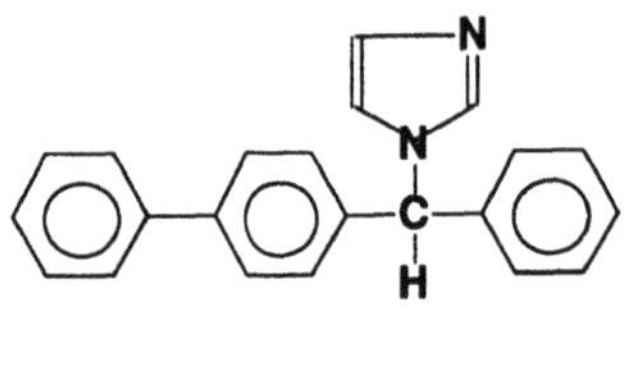

MYCOSPOR®
Bifonazol

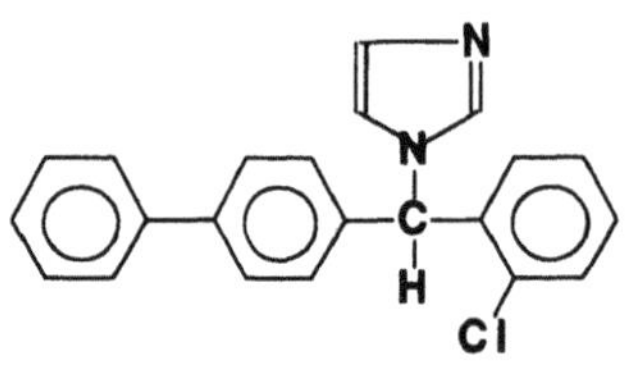

TWENT®
Lombazol

Tinea cruris des Patienten Abb. a) ist nach zwei Wochen einmal täglicher Behandlung mit Mycospor® geheilt. Die Abbildungen Tafel IVb zeigen die erfolgreiche Behandlung einer an Tinea corporis erkrankten Patientin durch ebenfalls zwei Wochen einmal täglicher Behandlung mit Mycospor®.

3.2 Etherketone und Etheralkohole

Im Rahmen unserer Untersuchungen über die Abwandelbarkeit der N-substituierten Azole fanden wir, daß Tritylreste oder ähnliche Gruppierungen für eine hohe biologische Wirksamkeit nicht essentiell sind (Abb. 7).

Ein großer Schritt in Richtung Kontrolle von Pflanzenkrankheiten wurde zu Beginn der siebziger Jahre mit der Entdeckung der biologisch hochaktiven Klasse der sogenannten „Azolyl-O,N-Acetale" oder wie wir sie im Laborjargon seinerzeit nannten „Azolyl-etherketonen" gemacht. Bei dieser Verbindungsklasse handelt es sich um O,N-Acetale von α-Ketoaldehyden. Wichtige Handelsprodukte dieser Familie sind die Triazole Bayleton® (Triadimefon), Baytan® und Bayfidan® (Triadimenol), Baycor® und Sibutol® (Bitertanol) und das Imidazol Baypival® (Climbazol). Diese Beispiele demonstrieren, daß es innerhalb einer Untergruppe der Azole trotz enger struktureller Verwandtschaft große Unterschiede hinsichtlich der biologischen und biophysikalischen Eigenschaften geben kann. So ist es

Abb. 7: Strukturen: Bayleton, Baytan, Baypival, Baycor

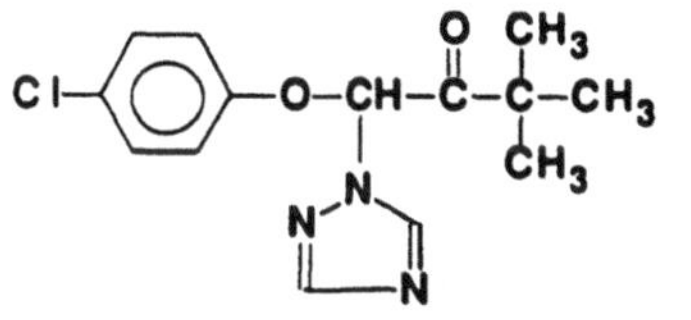

BAYLETON®
Triadimefon

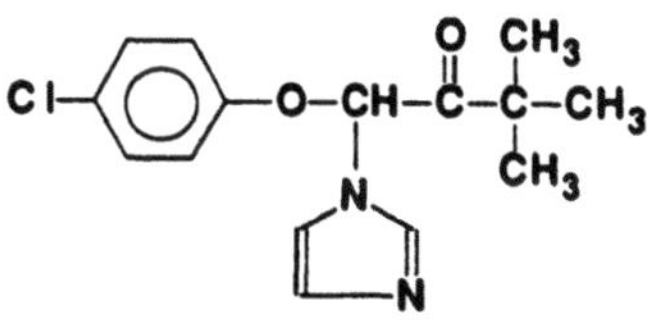

BAYPIVAL®
Climbazol

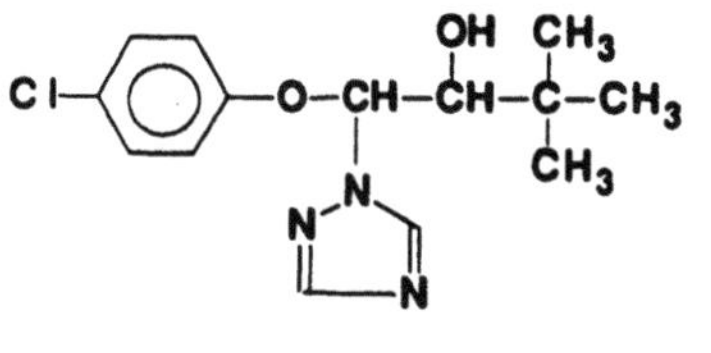

BAYTAN®
Triadimenol

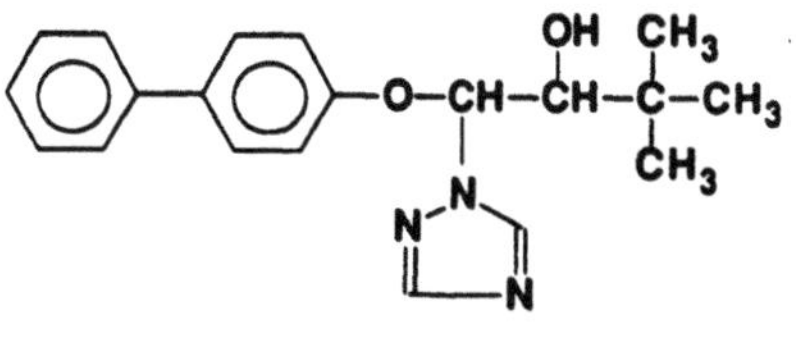

BAYCOR®
Bitertanol

möglich, eng verwandte Verbindungen, die einander ergänzen, in verschiedenen Gebieten einzusetzen.

3.2.1 Bayleton

BAYLETON® (Triadimefon) ist ein Präparat, das aufgrund seines Wirkungsspektrums und seiner systemischen Wirkungsweise hervorragend zur Bekämpfung von Getreidekrankheiten wie Echtem Mehltau, Rost und verschiedenen anderen Krankheiten an den oberirdischen Pflanzenteilen geeignet ist. Triadimefon findet im Getreidebau weite Verwendung. Durch die Penetration dieses Präparates in die Pflanzen und die systemische Verteilung erzielt man sowohl eine schützende als auch eine heilende Wirkung. Gegenüber der prophylaktischen Verwendung älterer Präparate ergibt sich dadurch auch eine Einsparung der Zahl der Behandlungen, die für eine ausreichende Wirkung nötig sind, um Ertragseinbußen zu vermeiden. Das bedeutet nicht nur ökonomische Vorteile; auch aus ökologischer Sicht handelt es sich um eine qualitative Verbesserung der Pflanzenschutzmittel. BAYLETON war zwischen 1974 und 1984 führend im Weltmarkt. Heute wird es verstärkt durch andere Azolfungizide verdrängt.

3.2.2 Baytan

Wegen seiner hohen systemischen Wirksamkeit eignet sich BAYTAN® (Triadimenol) vor allem als Beizmittel zur Kontrolle von Schädlingen in der Erde und im Samen, jedoch auch als Getreidespritzmittel sowie gegen Echten Mehltau im Weinbau und gegen Pilzkrankheiten im Kaffee- und Bananenbau.

Ein Blick auf einen Freilandversuch mit Sommergerste der Sorte Pirol demonstriert die Wirksamkeit einer Saatgutbehandlung mit nur 60 g Wirkstoff Tiadimenol pro Hektar (Tafel V). Neben der stark befallenen Kontrollparzelle ist die behandelte Parzelle völlig frei von Mehltau.

3.2.3 Baycor

BAYCOR® (Bitertanol) ist nicht systemisch, dringt aber gut in das Pflanzengewebe ein und besitzt kurative und eradikative Eigenschaften, gepaart mit einer excellenten protektiven Aktivität. Es wird zur Bekämpfung von Mehltau, Rost, Schorf und anderen pathogenen Pilzen eingesetzt, die Blatt- und Fruchtkrankheiten verursachen.

Tafel I: Verordnung Maria Theresias (1749) zur Bekämpfung der Heuschrecken in Ungarn

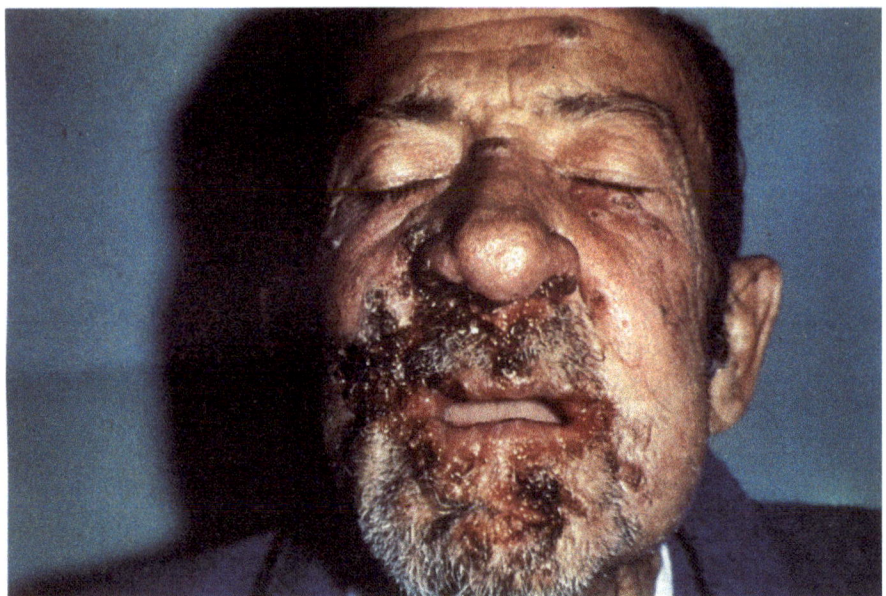

a) Mann mit Paracoccidiomykose

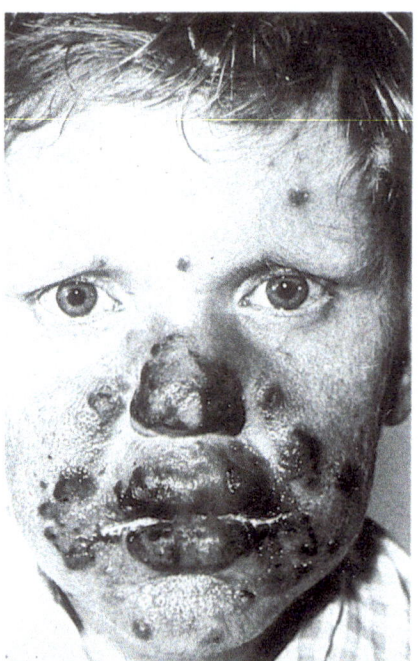

b) Junge mit Gandida Granulom

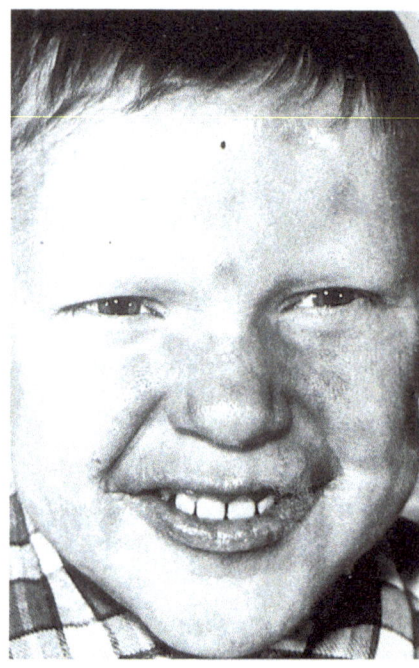

c) Junge wie Abb. b) nach Behandlung mit Clotrimazol

Die Bedeutung der Produktinnovation in der Chemie 19

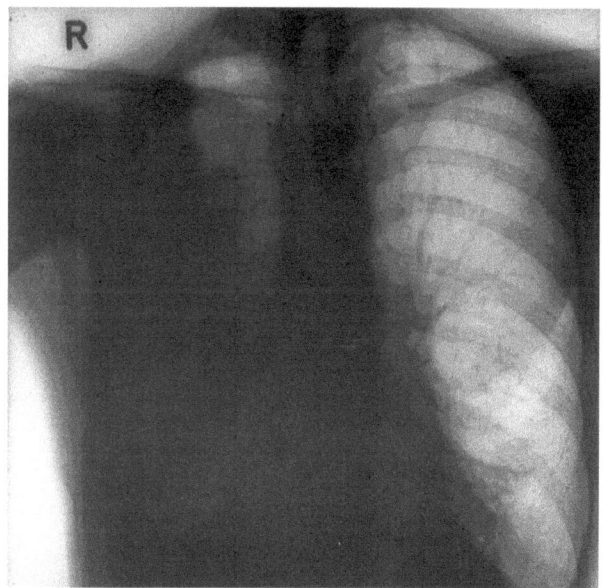

a) Röntgenaufnahme Patient mit Candida Pneumonie

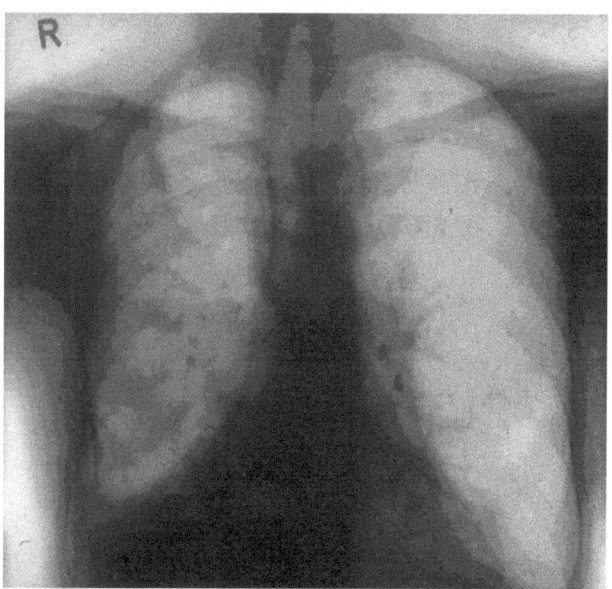

b) Röntgenaufnahme Patient wie Abb. a) nach Behandlung mit Clotrimazol

Tafel III

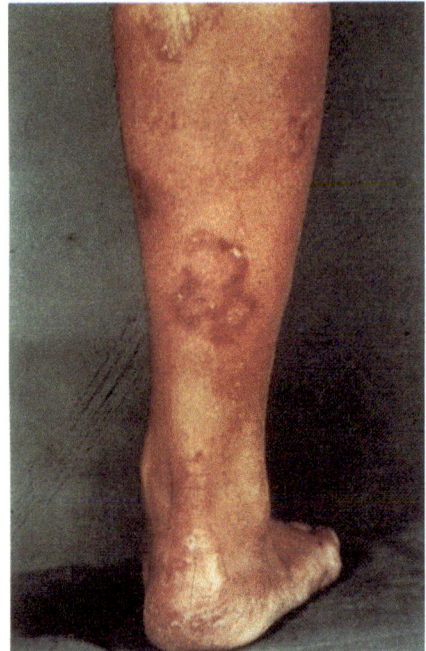 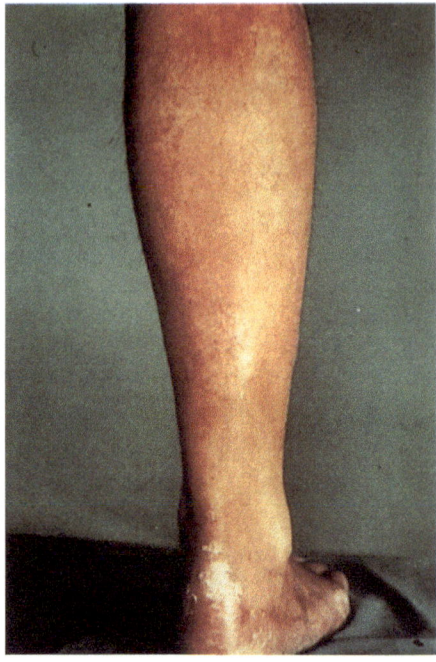

a) Patient mit Tinea cruris vor und nach der Behandlung mit Mycospor

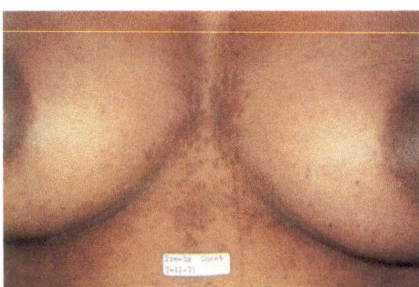 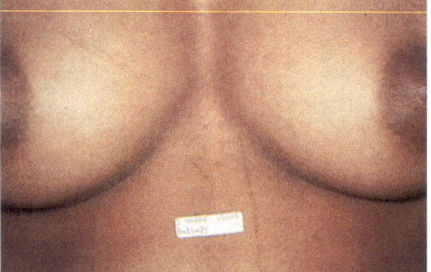

b) Patientin mit Tinea corporis vor und nach der Behandlung mit Mycospor

Tafel V: Freilandversuch mit Sommergerste nach Saatgutbehandlung mit Baytan, Kontrolle

a) Bohnen unter Triapenthenol

b) Gerste unter Triapenthenol

Tafel VI

Die Bedeutung der Produktinnovation in der Chemie 23

a) Wirkung der Enantiomere des Baycor gegen Bohnenrost

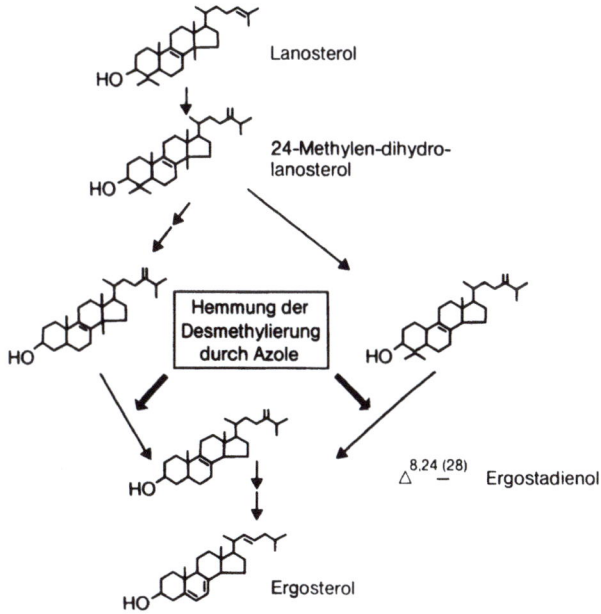

b) Ergosterolbiosynthese

Tafel VII

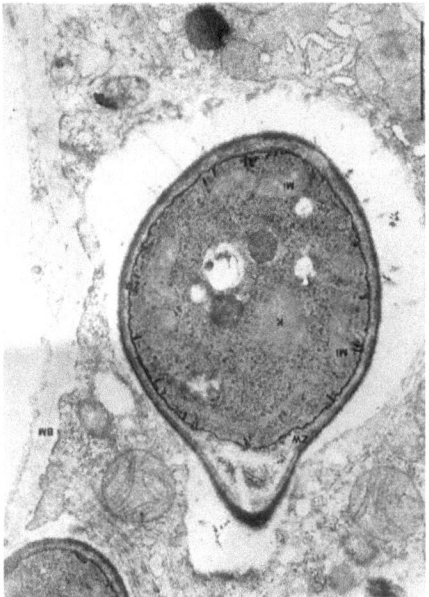

a) Zelle von Candida albicans im Nierentubus der Maus

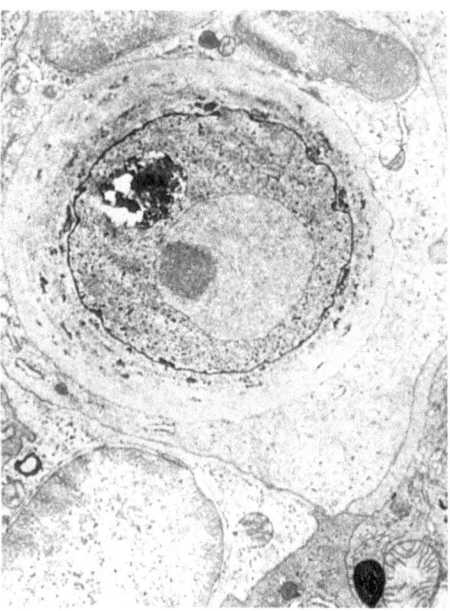

b) Zelle wie Abb. a) – Veränderung der Zellwand nach Einwirkung von Clotrimazol

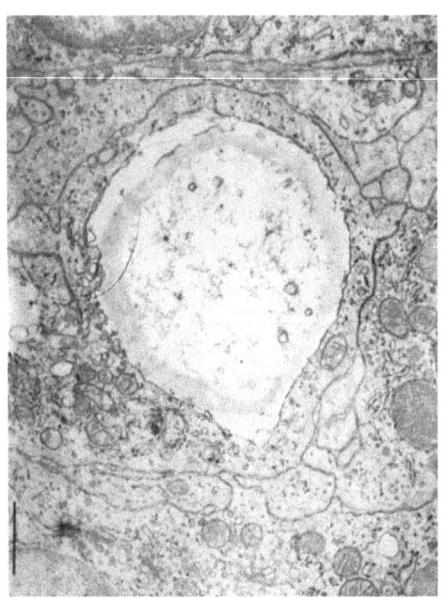

c) Zelle wie Abb. a) – Totalschädigung der Zelle durch Clotrimazol

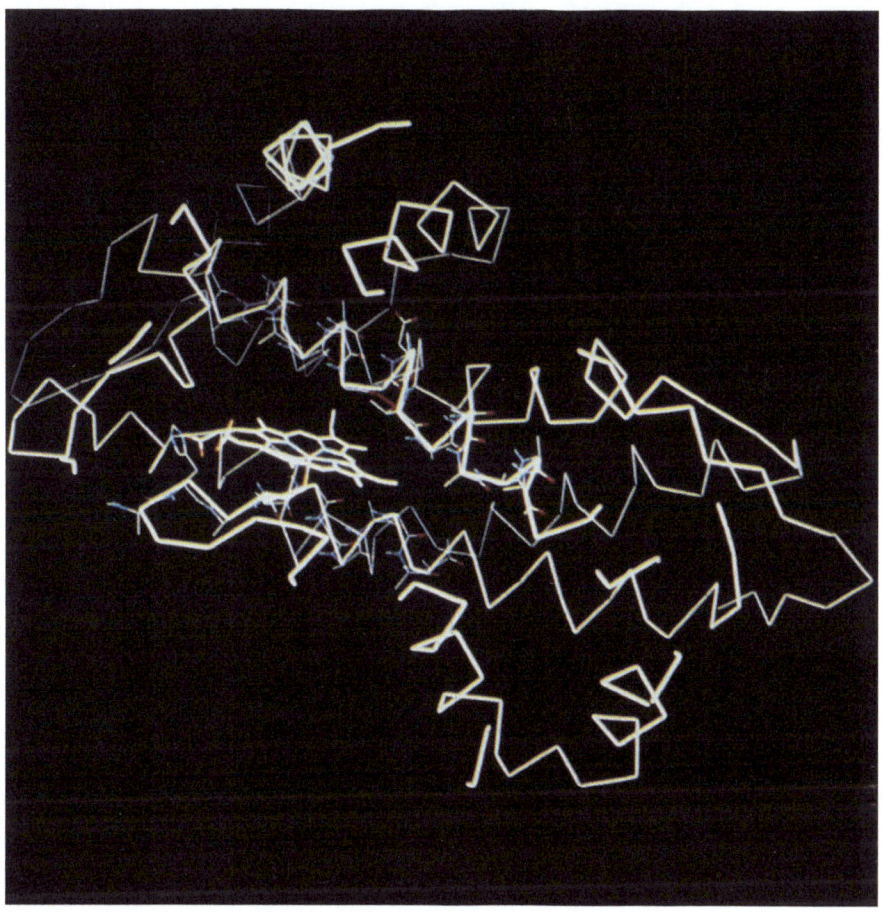

Tafel IX: Molecular-Modelling Bild Cytochrom P 450 komplett

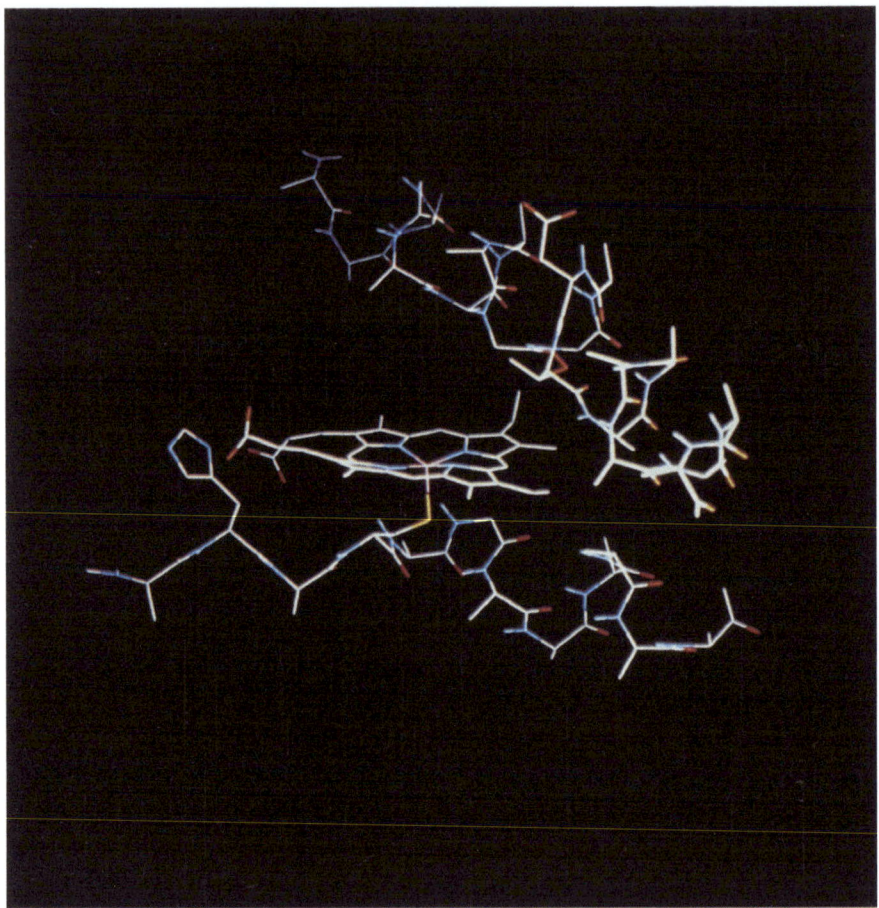

Tafel X: Molecular-Modelling Bild Cytochrom P 450 – Ausschnitt

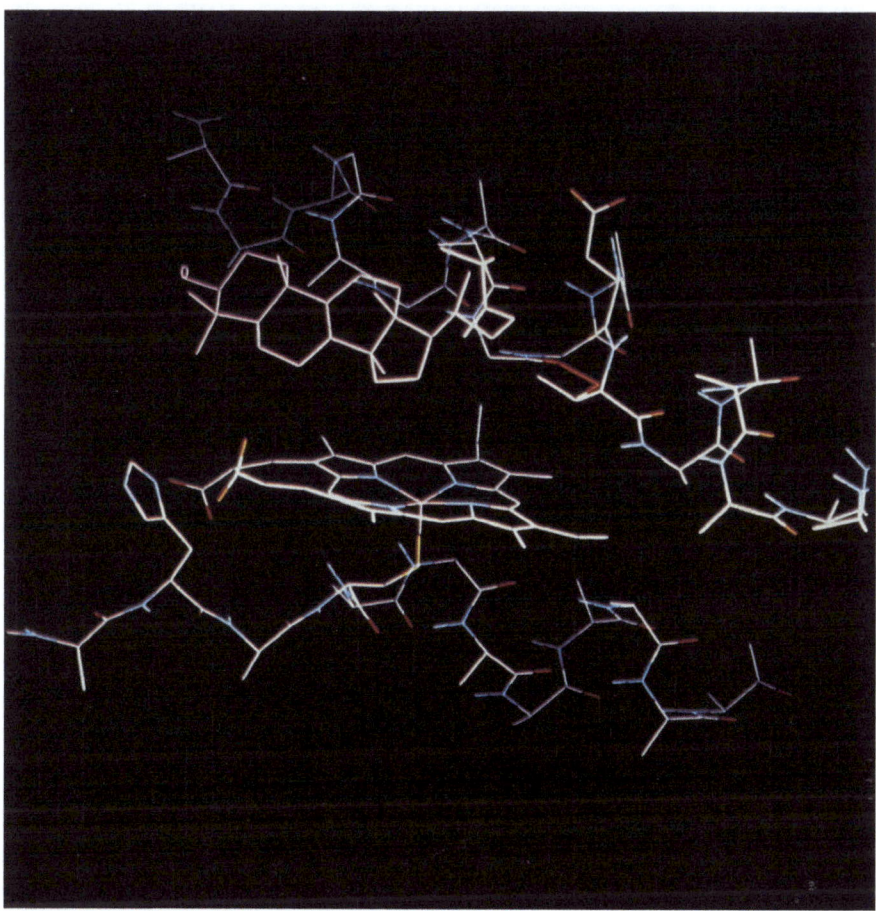

Tafel XI: Molecular-Modelling Bild Cytochrom P 450 – Ausschnitt mit Lanosterol

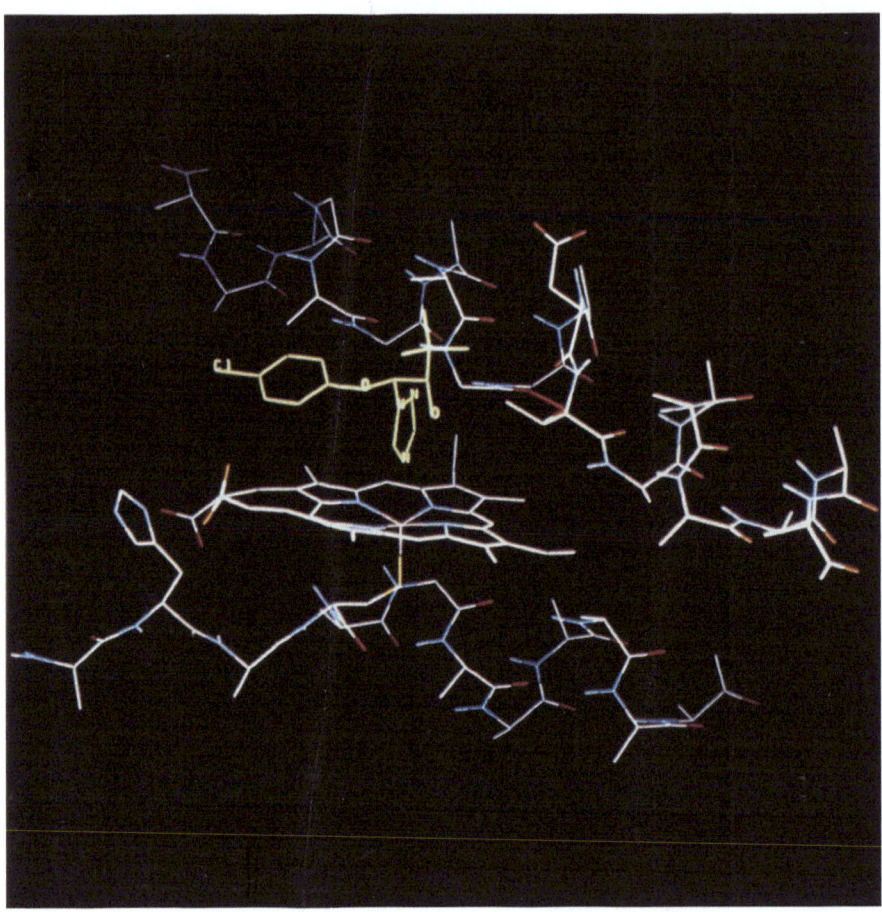

Tafel XII: Molecular-Modelling Bild Cytochrom P 450 – Ausschnitt mit Baytan

Wirkstoff	Acker-bau	Wirkstoff	Wein-bau
Schwefel	4,8	Schwefel	9,6–3,2
Kupferoxichlorid	1,8–2,7	Kupferoxichlorid	4,5
Maneb	1,45	Mancozeb	2–3
Tridemorph	0,56	Propineb	2–3
Ethirimol	0,28	Folpet	1,5
Triadimefon (BAYLETON)	0,125	Triadimefon (BAYLETON)	0,05
Triadimenol (BAYTAN)	0,06*		

Abb. 8: Vergleich der Aufwandmengen verschiedener Fungizide (kg Wirkstoff/ha). *Saatgutbehandlung

3.2.4 Baypival

BAYPIVAL® (Climbazol) zeigt ein ganz anderes antifungisches Profil als das triazolanaloge Triadimefon. Es wirkt gegen Schimmel, Hefen und Dermatophyten und besitzt spezifische Aktivität gegen *Pityrosporum ovale,* einen Pilz, der für die Bildung von Haarschuppen beim Menschen verantwortlich ist. Climbazol findet daher als aktive Komponente im kosmetischen Bereich, zum Beispiel in Haarwässern und Shampoos, Verwendung.

Aufgrund der spezifischen Wirkung dieser Präparate gegen zahlreiche wichtige Krankheitserreger konnte im Vergleich zu älteren Fungiziden mit breitem Wirkungsmechanismus die benötigte Aufwandmenge erheblich reduziert werden (Abb. 8). Diese Evolution der Pflanzenschutzmittel ist praktischer Umweltschutz.

3.3 Hydroxyethylazole

Mit den Hydroxyethylazolen wurde in den letzten Jahren eine weitere biologisch sehr aktive Gruppe von Azolderivaten gefunden. Ihr Wirkungsspektrum reicht von der Humanmedizin bis in die Landwirtschaft.

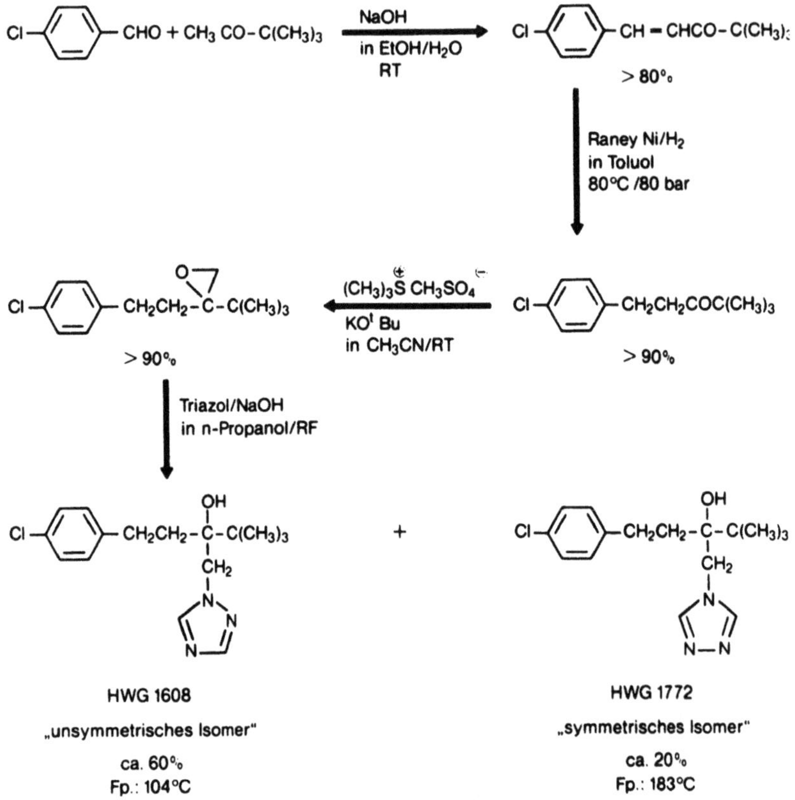

Abb. 9: Struktur und Synthese HWG 1608

Folicur/Raxil

Als einen Vertreter dieser Gruppe möchte ich ein hervorragendes Saatbeiz- und Spritzmittel gegen ein breites Spektrum von pilzlichen Krankheitserregern in vielen Groß- und Kleinkulturen vorstellen; nämlich HWG 1608 (Abb. 9).

Zur Synthese von HWG 1608 werden zunächst *para*-Chlorbenzaldehyd und Pinakolin basisch kondensiert und das Produkt zum gesättigten Keton hydriert. Das Keton wird nach dem Corey-Franzen-Verfahren epoxidiert, Ringöffnung des Epoxids mit Triazol ergibt das Endprodukt.

HWG 1608 ist bereits 1988 in Frankreich eingesetzt worden. In anderen Ländern wird es in Kürze als Beizmittel unter dem Namen RAXIL® und als Spritzmittel unter dem Namen FOLICUR® in den Markt eingeführt werden.

Schadpilz	Aufwandmenge [g/100kg Saatgut]	Standard
Ustilago nuda (Flugbrand)	2,5	= Triadimenol 15g
Tilletia caries (Steinbrand)	3	= Triadimenol 15-22,5g
Tilletia foedida (Stinkbrand)	3	= Triadimenol 15-22,5g
Leptosphaeria nodorum (Braunfleckigkeit)	3	≥ Triadimenol 37,5 g
Cochliobolus sativus (Wurzelfäule)	25	> Triadimenol 37,5 g
Puccinia recondita (Braunrost)	25	≥ Triadimenol 37,5 g

Abb. 10: Wirkung von HWG 1608 gegen samenbürtige Krankheiten des Weizens

Ein paar Daten für den Weizen als Beispiel für die Beizanwendung sind in Abb. 10 aufgelistet. Hier ist RAXIL® aktiver als der Standard Triadimenol. Besonders interessant ist die Wirkung bei Bränden – schon drei Gramm pro 100 Kilogramm Saatgut reichen. Diese Menge entspricht ca. 4,5 Gramm pro Hektar; man erkennt also die enorme Effizienz einer Beizbehandlung mit RAXIL®. Damit sollen neue Märkte erschlossen werden in Ländern, wo extensiver Getreide-Anbau praktiziert wird und Brandinfektionen ein wirtschaftliches Problem sind, Ländern wie Indien, Pakistan, Brasilien, aber auch Nordamerika – riesige Flächen, wo noch kaum eine Azolbeize eingesetzt worden ist.

Ein Landwirt kauft aber keine Krankheitsheilung, er kauft eine Ertragssicherung. Wie sieht das in der Praxis aus?

Bei der Braunfleckigkeit in Winterweizen reicht zum Beispiel eine einmalige Spritzung aus, um sehr gute Wirkungsgrade zu erzielen (Abb. 11). Diese Krankheit kann verheerende Ertragsausfälle anrichten, wenn sie voll in die Ähre rauscht. Hier ist mit FOLICUR® eine Ertragserhöhung von 14% erreicht worden. Dies bedeutet für den Landwirt eine Mehreinnahme von etwa 400 DM pro Hektar, bei Präparatekosten für die Behandlung von circa 50 DM. Darüber hinaus hat

	Ertrag	
Unbehandelt	83,0 dt/ha	(100%)
Behandelt*	94,6 dt/ha	(114%)

*(3 Versuche/Saison 1986, eine Spritzung mit 375g ai./ha)

Nutzungskalkulation: Weizenpreis ca. 36 DM/dt
14% Mehrertrag bei 83 dt/ha bedeutet 418 DM/ha

Abb. 11: Wirkung von HWG 1608 gegen Braunfleckigkeit in Winterweizen

der Landwirt seine Ernte und dadurch seine Investition und letzten Endes seinen Hof gegen Schlimmeres versichert. Keine schlechte Versicherung, wenn man, wie in diesem Beispiel, das Achtfache der Prämie am Ende der Saison zurückbekommt.

In diesem Beispiel war der Befall der Kontrolle ziemlich mäßig – es kann in der Praxis bis hin zum totalen Ernteverlust kommen. Was hier nicht zum Ausdruck kommt, ist die Qualitätsminderung durch Infektionen. Das Erntegut kann sogar zum Tierfutter abgewertet werden. Für den Landwirt bedeutet dies einen weiteren Einnahmeverlust. Auch das Stichwort Mycotoxine soll nicht unerwähnt bleiben. Je nach Pilzspezies können sehr bösartige, natürliche Gifte in unsere Nahrung gelangen.

3.4 Azole aus anderen Arbeitskreisen

Es ist keine Überraschung, daß in den Jahren nach der Entdeckung der hervorstechenden biologischen Eigenschaften der Azole in vielen Laboratorien auf der ganzen Welt Imidazol- und Triazolderivate intensiv erforscht worden sind (Abb. 12). Dies führte dazu, daß viele weitere hochaktive Azole für die Medizin und die Landwirtschaft entwickelt worden sind. Auf der einen Seite die Freude – aber auch das Leid der Pionierentwickler. Unabhängig von der Arbeit bei Bayer entdeckte eine Arbeitsgruppe bei Janssen Pharmaceutical bei ihren Arbeiten über hypnotische Wirkstoffe die antifungischen Eigenschaften einer weiteren Azolklasse – den Phenethylimidazolen. Neben CANESTEN® gehört Miconazol mit zur ersten Generation von Azolantimykotika. Alle weiteren Firmen sind den Vorbildern von Bayer und Janssen gefolgt.

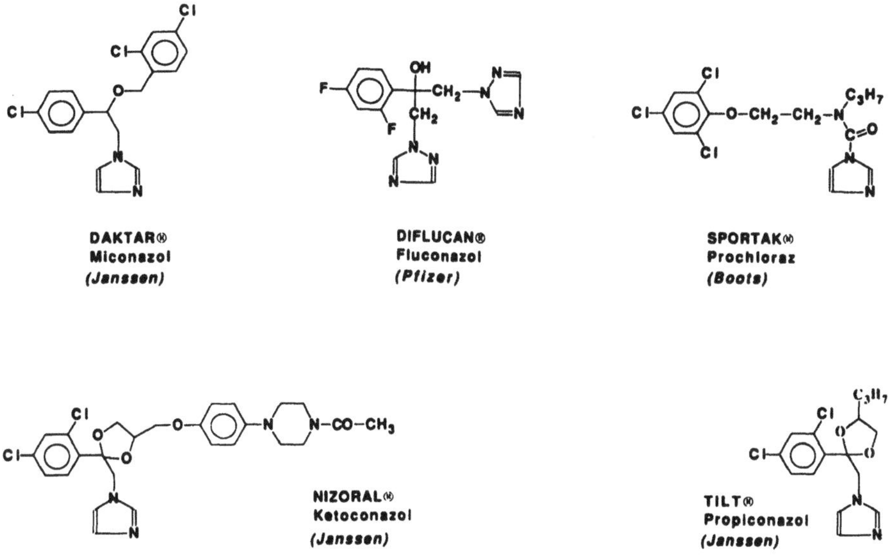

Die Bedeutung der Produktinnovation in der Chemie 33

DAKTAR®
Miconazol
(Janssen)

DIFLUCAN®
Fluconazol
(Pfizer)

SPORTAK®
Prochloraz
(Boots)

NIZORAL®
Ketoconazol
(Janssen)

TILT®
Propiconazol
(Janssen)

Abb. 12: Strukturen: Miconazol, Diflucan, Sportak, Nizoral, Tilt

4. Stereochemie und biologische Aktivität

Bisher habe ich die Wirkstoffe ohne Berücksichtigung ihrer räumlichen Struktur vorgestellt. Im Folgenden möchte ich zeigen, daß die Stereochemie von Wirkstoffen einen wesentlichen Einfluß auf ihre biologischen Eigenschaften hat.

4.1 Vinylazole

Bei *N*-Vinylazolen ist das Stickstoffatom 1 des Azols direkt an ein sp^2-hybridisiertes Kohlenstoffatom eines substituierten Olefins gebunden. Damit besteht die Möglichkeit zur *E/Z*-Isomerie (Abb. 13).

Die *E*-Isomere, in denen der ehemalige Aldehydrest „trans" zum Triazol steht, sind biologisch deutlich aktiver als das Z-Isomer. Die über die Trennung diastereomerer Ester oder stereospezifische Reduktion zugänglichen Enantiomeren des Wirkstoffs Triapenthenol zeigen ein sehr differenziertes biologisches Verhalten.

Für die wachstumsregulatorischen Eigenschaften ist vor allem das (-)-*S*-Enantiomer verantwortlich, während das (+)-*R*-Enantiomer den überwiegenden Beitrag zur fungiziden Wirkung leistet. Die ausgezeichnete wachstumsregulatorische Wirkung des (-)-Triapenthenols im Vergleich zum (+)-Triapenthenol zeigen die

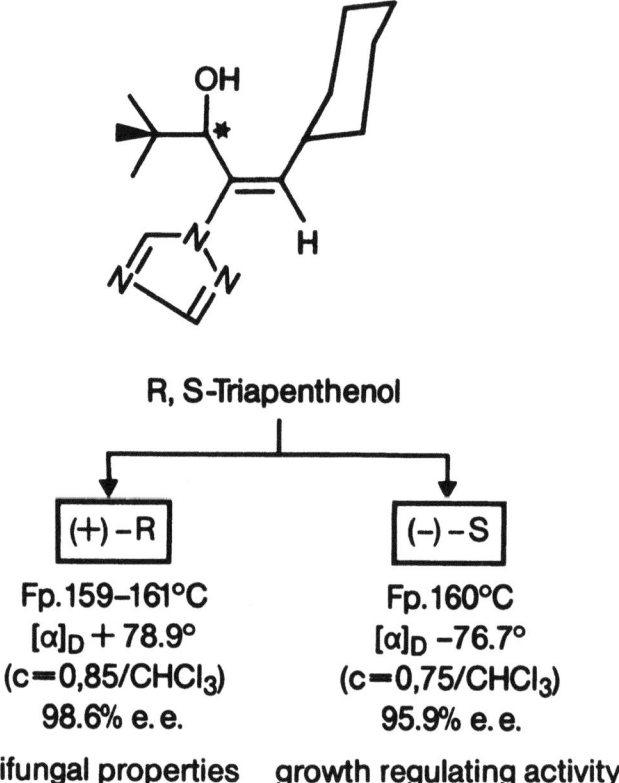

Abb. 13: Enantiomere des Triapenthenols

beiden Abbildungen Tafel VI. Die linke Pflanze ist jeweils die Kontrolle. Die zweite Pflanze wurde mit dem *R*-Enantiomeren, die dritte mit dem fast reinen *S*-Enantiomeren behandelt. Die vierte Pflanze wurde mit dem Racemat des Triapenthenol (RSW 0411) behandelt, das wir als Wachstumsregulator entwickeln.

4.2 Triazolyl-N,O-Acetale

Triadimefon, das ein Asymmetriezentrum besitzt, läßt sich auf klassischem Wege über die diastereomeren Salze der 3-Bromcampher-8-sulfonsäure in die optischen Antipoden zerlegen (Abb. 14).

Die Zuordnung der absoluten Konfiguration gelang mit Hilfe der röntgenographischen Strukturanalyse eines der beiden Enantiomeren, die in einer optischen Reinheit von nahezu 100% erhalten werden konnten. Die beiden Enantiomeren unterscheiden sich nicht in ihrer biologischen Wirksamkeit. Der Grund

Die Bedeutung der Produktinnovation in der Chemie 35

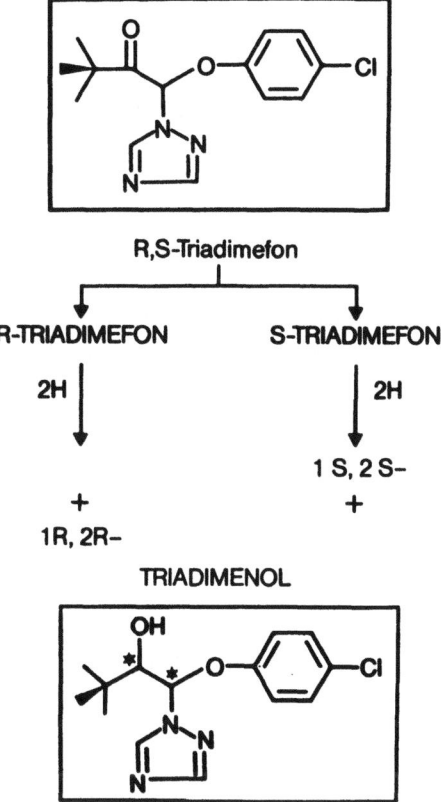

Abb. 14: Enantiomere des Triadimefons

ist wahrscheinlich, daß *in vivo* sofort die Carbonylgruppe reduziert wird und aus beiden Enantiomeren aktive Triadimenole entstehen. Durch Reduktion der Carbonylgruppe wird ein weiteres chirales Zentrum eingeführt.

Bei der Synthese des Triadimenols wird daher ein Gemisch zweier Diastereomerer, der *erythro-* und der *threo-*Form, erhalten, deren Trennung auf üblichem Wege durch Umkristallisation beziehungsweise Chromathographie leicht möglich ist. Hier ist die *threo-*Form den anderen Diastereomeren in ihrer fungiziden Aktivität überlegen. Durch spezielle Reduktionsverfahren kann bei der Überführung des Triadimefons in das Triadimenol das aktivere Diastereomer bevorzugt erhalten werden. Im technischen Produkt liegen *threo-* und *erythro-*Form im Verhältnis vier zu eins vor.

Aus Untersuchungen der biologischen Aktivität der einzelnen Enantiomeren erhielten wir einen guten Einblick über die Zusammenhänge zwischen absoluter Konfiguration und den fungiziden Eigenschaften der Triazolyl-*N,O*-Acetale.

Eine Abhängigkeit zwischen absoluter Konfiguration und fungizider Wirkung wird bei den vier Enantiomeren des Bitertanols gefunden. Wie aus der Abbildung Tafel VIIa) zu erkennen ist, besitzt das (-)-*threo*-Isomer des BAYCOR® zum Beispiel eine deutlich bessere Wirkung gegen Bohnenrost als die drei anderen Enantiomeren.

5. *Wirkungsmechanismus der Azole*

Untersuchungen zum Wirkungsmechanismus der Azole, die bei uns von DR. BERG und DR. KRAUS sowie von PROF. MAYER an der Technischen Hochschule Hannover und PROF. BUCHENAUER an der Universität Hohenheim durchgeführt wurden, haben gezeigt, daß die Azolfungizide primär in die Biosynthese pilzlicher Sterole eingreifen und eine Hemmung der Ergosterol-Biosynthese bewirken.

Pilzliche Membranen erhalten ihre physikalische Stabilität durch Komplexbildung von Phospholipiden mit „quasi-planaren" Sterolen (Abb. 15). Unter gewissen strukturellen Voraussetzungen stellen nämlich Sterole erstaunlich planare Moleküle dar. Bei Warmblütern ist dieser Membran-Bestandteil Cholesterol, bei Pilzen hingegen Ergosterol, was für die toxikologische Bewertung von Azolen wichtig ist. Fehlt nun das Sterol oder kumulieren nicht planare Sterolvorstufen, so fragmentiert die pilzliche Membran und der fungizide Effekt tritt auf.

Abb. 15: Modell einer Zellmembran

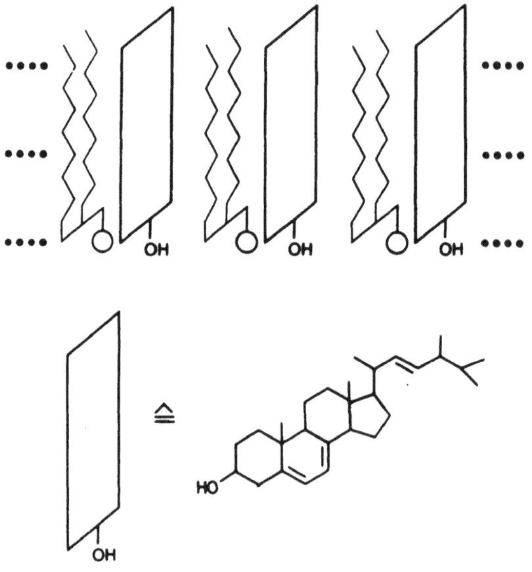

Azole vom Typ des Triadimefons bzw. die Triadimenols hemmen die Biosynthese des Ergosterols. Dabei inhibieren sie die Desmethylierungen in den Positionen 4 und 14 der Lanosterolvorstufen (Tafel VIIb) und verhindern damit eine ausreichende Versorgung des Pilzes mit Ergosterol, also dem benötigten „quasiplanarem" Sterol. Diesen Mechanismus zeigt auch FOLICUR®/RAXIL®, aber zusätzlich kommt bei diesem Wirkstoff auch eine Blockierung der Transformation des B-Rings hinzu. FOLICUR®/RAXIL® vereinigt also zwei Wirkmechanismen in sich.

Die fortschreitende Schädigung der Zellmembran von Candida-Zellen kann durch elektronenmikroskopische Aufnahmen unter der Einwirkung von Clotrimazol sehr gut verfolgt werden. Dieser Effekt soll an einer Aufnahmeserie von DR. VOIGT kurz skizziert werden (Tafel VIII). Bei der unbehandelten *Candida albicans*-Zelle im Nierentubus der Maus – die Vergrößerung beträgt 1:30 000 – ist die intakte Zelle mit der Zellmembran gut zu erkennen. Erstes Symptom nach der Behandlung mit Clotrimazol ist die Ausbildung einer unregelmäßig gewellten Zellwand, deren Schädigung auch durch die kontrastreichen Einlagerungen sichtbar wird. Vier Tage nach Therapiebeginn ist die total geschädigte Sproßzelle nur noch als Vakuole zu erkennen.

6. Molecular Modelling

Nach Kenntnis des Wirkortes der Azole konnte auch mit Hilfe des Molecular-Modellings die Nahorientierung der Wirkstoffe am Substrat nachgewiesen werden. Für die erwähnte Desmethylierung der Ergosterol-Vorstufen wird das Enzym Cytochrom-P-450 benötigt. Dieses Enzym wird durch die Azole blokkiert. Das natürliche Substrat Lanosterol kann dadurch nicht mehr umgesetzt werden, und dem Pilz fehlt das für seine Zellwand essentielle Ergosterol.

Zu dem Bindungsphänomen von Lanosterol und Azolfungiziden an Cytochrom-P-450 möchte ich zunächst ein von der ICI entwickeltes Modell zum aktiven Zentrum von Cytochrom-P-450 vorstellen (Abb. 16).

Die Aminosäuresequenzen von Cytochrom-P-450 variieren von Spezies zu Spezies. In Tafel IX sind die Aminosäuren eines bakteriellen Cytochrom-P-450 farbig eingezeichnet, die für praktisch alle Cytochrom-P-450-Enzyme gleich sind. Die räumliche Darstellung dieses Enzyms beruht auf Röntgenstrukturdaten. Das zentrale Porphyrinsystem ist von unten durch einen Teil der Peptidkette abgeschirmt. Die keilförmige Nische ist frei für Moleküle, die zwischen den Porphyrin-Ring und die Helix passen.

Der besseren Übersichtlichkeit wegen sind in den folgenden Abbildungen lediglich die „konstanten" Bereiche des Cytochrom-P-450 dargestellt. Tafel X gibt

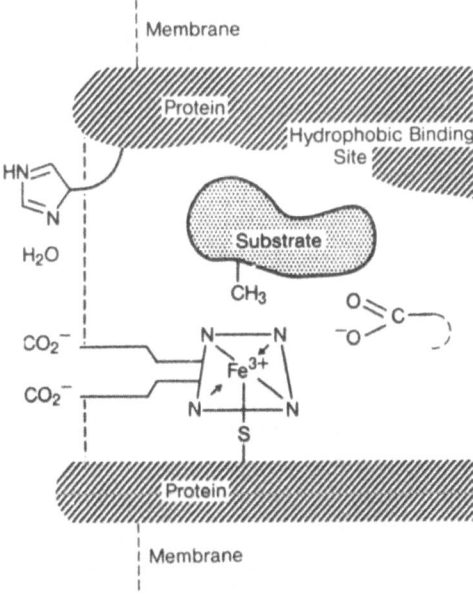

Abb. 16: Modell des aktiven Zentrums von Cytochrom P 450 nach Vorstellungen der ICI

zunächst noch einmal einen Überblick, auf dem die keilförmige Nische gut zu sehen ist. Tafel XI zeigt ein Modell für den Komplex des pilzlichen Cytochrom-P-450 mit seinem natürlichen Substrat Lanosterol. Bemerkenswert ist der große Abstand des zentralen Eisenatoms von dem zu oxidierenden Kohlenstoffatom des Lanosterols. Er beträgt ungefähr 4 Å und wird wahrscheinlich während der Oxidation mit einem Sauerstoffmolekül ausgefüllt. Tafel XII zeigt die Inhibierung des Enzyms durch BAYTAN®. Ein Stickstoffatom des Triazolrings des BAYTANS® bindet mit „normalem" Bindungsabstand an das zentrale Eisenatom des Porphyrinrings, die Reste des BAYTANS® wechselwirken mit der oberhalb des Porphyrinrings liegenden Helix („binding site").

7. Sicherheitsforschung

Lassen Sie mich zum Abschluß noch auf einen sehr wichtigen Aspekt bei der Wirkstoffentwicklung eingehen, den der Sicherheitsforschung (Abb. 17). Zunächst möchte ich einen kurzen Überblick über die Entwicklung von Pflanzenschutzmitteln geben. Anschließend werde ich auf einige Besonderheiten bei der Arzneimittelentwicklung eingehen.

Pflanzenschutz	**Pharma**
Toxikologie	Toxikologie
Metabolismus	Kinetik und Metabolismus
Rückstandsanalytik	Versuche an gesunden Probanden
Ökobiologie	Versuche an kranken Probanden

Abb. 17: Forschung für sichere Wirkstoffe

Wenn ein Chemiker eine Substanz synthetisiert und der Biologe eine interessante Wirkung gefunden hat, dann beginnt für diese Substanz ein langer mühevoller Weg, dessen Ziel ein Verkaufsprodukt ist. Wie mühevoll dieser Weg ist, können Sie daran erkennen, daß nur eine von 10 000 synthetisierten Prüfsubstanzen zu einem Handelsprodukt wird. Ich habe die damit verbundenen Enttäuschungen der Chemiker vor kurzem einmal mit dem Begriff „Mafia der Neinsager" zusammengefaßt, die kein gutes Haar an einem Entwicklungsprodukt lassen. Hier liegt auch der Grund für die Eskalation der Forschungs- und Entwicklungskosten bei Pflanzenschutzmitteln. Eine wichtige Voraussetzung, die aufwendigen Sicherheitsprüfungen für unsere Präparate durchführen zu können, war der Bau des neuen Pflanzenschutz-Forschungszentrums in Monheim, mit dem wir uns auch für die Zukunft gut gerüstet haben. Das Projekt Monheim hat uns circa 800 Mio. DM gekostet. Es ist das bestausgestattete und modernste Pflanzenschutz-Forschungszentrum auf der ganzen Welt.

Bei Pflanzenschutz-Wirkstoffen gehören zur Sicherheitsforschung neben weiterführenden biologischen Prüfungen unter anderem:
– Die Toxikologieforschung von der Prüfung der akuten toxischen Wirkung bis hin zu den Langzeitprüfungen, die mit Vorbereitung und Aufarbeitung drei bis vier Jahre dauern. Diese Untersuchungen gehen nicht ohne Tierversuche.
– Die Metabolismusforschung, die den Abbau des Wirkstoffmoleküls unter chemischen, physikalischen und biologischen Bedingungen klärt. Hier konnte gezeigt werden, daß alle Azole, auch Tritylazole, gut zu hydrophilen Metaboliten abbaubar sind.
– Die darauf aufbauende Rückstandsanalytik in der Pflanze und in den Kompartimenten der Umwelt, im Boden, im Wasser, im Tier und in der Luft.
– Die ökobiologischen Untersuchungen der Auswirkung auf die Umwelt.

Bei den Arzneimitteln werden nach Abschluß der Präklinischen Entwicklung, in der in Tierversuchen die biologische Wirksamkeit und Toxizität eines Wirkstoffes abgeklärt werden, die Verträglichkeit und Wirksamkeit eines Wirkstoffes beim Menschen untersucht. Hierzu wird die Entwicklungssubstanz zunächst freiwilligen, gesunden Probanden verabreicht. Erst wenn sich dabei die Sicherheit eines Entwicklungsproduktes herausgestellt hat, wird es anschließend an freiwilligen kranken Probanden auf Wirksamkeit und weiterhin vertieft auf Verträglichkeit untersucht.

8. Schlußwort

Die in diesem Vortrag dargestellten Arbeiten und deren Weiterführung waren und sind auch heute nur möglich durch die begeisterte Zusammenarbeit vieler Kollegen, die hier mit besonderem Dank genannt werden sollen (Abb. 18). Auch spiegelt diese Zusammenstellung der Namen und Bereiche das interdisziplinäre

Abb. 18: Namen des Azol-Teams

Chemie

Büchel, Regel, Draber, Timmler, Meiser, Metzger, Krämer, Jäger, Kraatz, Holmwood, Reiser

Mikrobiologie, Medizin

Plempel, Ritter, Freis, Wegner, Stettendorf

Phytopathologie, Wachstumsregulierung

Grewe, Kaspers, Scheinpflug, Frohberger, Brandes, Paul, Kraus, Lürssen, Reinecke

Biochemie, Wirkungsmechanismus

Berg, Mayer, Buchenauer, Führ, Voigt

Team wider und zeigt die vielfältigen Möglichkeiten der Bekämpfung pilzlicher Schadorganismen.

Durch die weite Verbreitung pilzlicher Schaderreger konnten für die Azole neben den Haupteinsatzgebieten in Pharma und Pflanzenschutz noch weitere Anwendungsgebiete erschlossen werden. Dies betrifft die Kosmetik, die Photographie und den Materialschutz.

Mit diesem Zwischenbericht aus den Anwendungsgebieten der Azolfungizide wollte ich zeigen, was durch Produktinnovation in der Chemie erreichbar ist. Weitere verbesserte Präparate aus der Gruppe der Azole sind zu erwarten.

In der Geschichte der chemischen Wirkstoffe ist das Bessere der Feind des Guten. Und mit der Entwicklung neuer Präparate können die Nachteile der Vorgänger ausgemerzt werden. Dies ist ein permanenter Prozeß, der auch für die Errungenschaften von heute gilt. Die Evolutionsfähigkeit ist die besondere Stärke der Chemie und unterstreicht auch ihre Rolle für die Zukunft der Ernährungssicherung und Gesundheitsfürsorge.

Lassen Sie mich in diesem Sinne mit einem Zitat von NORMAN E. BORLAUG schließen, der 1970 für seine Züchtungen hochertragreicher Weizensorten mit dem Friedensnobelpreis ausgezeichnet worden ist. Er stellt nachdrücklich fest: „Wir müssen uns selbst ernähren und uns gegen die Gefahren, die unsere Gesundheit bedrohen, schützen. Um das zu tun, brauchen wir chemische Präparate: Ohne sie wird die Bevölkerung der Erde verhungern."

Diskussion

Herr Stoffel: Herr Büchel, in der Biosynthese des Cholesterins haben wir ja genau dieselbe Desmethylierung. Woran liegt es denn, daß die Desmethylierung so spezifisch ist?

Herr Büchel: Ich habe nicht behauptet, daß es so spezifisch ist. Es gibt durchaus Azole, die das in der Cholesterinsynthese auch tun, und deshalb – das weiß jeder, der auf dem Gebiet arbeitet – gibt es von der Wirkung her viele Entwicklungspräparate, die wir haben ausschließen müssen. Das ist manchmal eine Gratwanderung. Es ist aber so, daß wegen der Substratspezifität der Desmethylierung Wirkstoffe in Richtung Inhibition der Ergosterolsynthese optimiert werden können. Man kann diesen Gap quantitativ sehen, und davon lebt die ganze Azolchemie, daß in der Ergosterolbiosynthese doch eine hohe Substratselektivität da ist.

Herr Stoffel: Läuft die Methylierung in der Seitenkette vorweg wie bei der Ergosterol-Synthese?

Herr Büchel: In der Cholesterinsynthese findet keine Seitenkettenalkylierung statt und somit ist diese pilzliche Seitenkettenalkylierung wieder ein potentielles Target für neue Wirkstoffe. Solchen Dingen gehen wir selbstverständlich auch nach.

Herr Stoffel: Ich habe noch eine andere Frage in Analogie zur Humanmedizin, wo man ja darauf abzielt, möglichst frühzeitig in der Cholesterinsynthese zu hemmen. Lohnt es sich, solche frühen Synthesehemmer einzusetzen?

Herr Büchel: Solche frühzeitigen Hemmungen auf der Stufe der HMG-CoA-Reduktion haben wir mit Azolen auch gelegentlich beobachtet. Ich habe das nicht bringen wollen, weil das etwas zu weit ging. Außerdem bringe ich hier viel zuviel aus zweiter Hand. Ich hatte ja als Nachfolger des Canestens das Mykospor vorgestellt und auch von der sporoziden Wirkung gesprochen. Das ist molekularbiologisch ein interessanter Fall. Das Mykospor hemmt genauso wie Canesten diese Desmethylierung der 14-Position, hemmt aber zusätzlich den gesamten Stoffwechselweg, und zwar genau an dieser frühen Stelle. Die Biosynthese der Mevalonsäure und damit auch die Synthese der höheren Stufen wird unterbrochen. Das gibt es also auch. Ich weiß auch nicht, ob es zu Fungiziden führen würde, wenn man das so ausschließlich hätte. Das Prinzip wird aber verwendet zur Cholesterinsenkung, wie die Beispiele Mevinolin und Compactin der MSD zeigen. Hier wird „down"-reguliert, aber nicht völlig gehemmt. Viele andere Effekte wären so auch vorstellbar. Wenn Sie nämlich zu früh eingreifen, kommen Sie mit Sicherheit zu einem hervorragenden Wachstumsregulator; denn die Gibberellinsäuren der Pflanzenwachstumshormone entstammen ebenfalls diesem Stoffwechselweg.

Das ist bei vielen Azolen sogar ein Problem gewesen. Es war kein Zufall, daß wir im Pflanzenschutz eigentlich kompliziertere Strukturen gebraucht haben, und das sind alles Strukturen, die nicht in die frühe Regulation eingreifen. Das Mykospor gehört ja eigentlich, chemisch betrachtet, noch zu der ersten Generation. Bei den Tritylverbindungen haben Sie immer eine starke Wachstumsdämpfung und das stört natürlich, wenn Sie es gegen Pilzbefall bei Pflanzen einsetzen wollen.

Es gibt natürlich die Situation, in der Sie gezielt eine Wachstumsdämpfung haben wollen. Ich weiß nicht, ob das hier so bekannt ist. Sie alle kennen die Buddenbrooks. Da war das große Dilemma, daß er den Weizen auf dem Halm kaufte, daß ein Gewitterregen kam und damit die Ernte und auch das Geld weg war. Das kann man zum Beispiel dadurch verhindern, daß man den Weizen im Halmbau stärkt. Das macht man chemisch mit einem Wachstumsregulator; der dämpft das Wachstum des Weizens so, daß er kurzhalmig wird, fester steht und einen Gewitterregen aushält. Dann kann Herr Buddenbrook den Weizen auf dem Halm kaufen.

Ich habe Ihnen ein Entwicklungspräparat vorgeführt, bei dem ich auch die Isomeren gezeigt habe. Der Punkt ist also: Wenn man sehr früh in der Synthesekette eingreift, erfaßt man einfach mehrere Mechanismen mit. Wenn das optimiert worden wäre, käme ich immer in Bedrängnis. Dann habe ich mit Sicherheit die wachstumsregulatorische Wirkung, auch dann, wenn sie nicht gewünscht wird.

Wenn man die Cholesterolsynthese „down" reguliert, würde ich zumindest aus toxikologischer Sicht sehr aufpassen, wie die eben angesprochenen Beispiele dann auch zeigten. Aber Sie sehen an dieser Diskussion, wie wichtig es ist, den Wirkungsmechanismus zu kennen, um überhaupt mitdenken zu können, wobei wir uns auch darüber im klaren sein müssen, daß das wohl nur Primärmechanismen sind. Ich gehe immer davon aus, daß sekundär noch so manches nebenher passiert.

Ein ganz wichtiger Punkt ist die Verteilungskinetik der Präparate. Herr Führ, den ich hier im Auditorium sehe, kennt das Thema sehr gut. Wir konnten zum Beispiel beim Bayleton zunächst überhaupt nicht die Wirkung von wenigen Gramm verstehen. Eine Ursache dafür ist, daß nicht nur da, wo ein Tropfen hinkommt, die Wirkung ist, auch nicht nur durch Verteilung über den Saftstrom, sondern das Präparat geht auch über die Gasphase. Mir ist kein anderes Präparat bekannt, wo so eindeutig die Gasphasenwirkung nachgewiesen ist. Und die Gasphasenwirkung wird hier relevant, weil halt für den Eintritt der Wirkung so unglaublich kleine Mengen ausreichend sind. Was also über die Gasphase transportiert wird, ist ausreichend, um an der nächsten Blattfläche oder auf neu zugewachsenem Pflanzenmaterial auch die Wirkung zu entfalten. Ich nenne hier das Stichwort Evolution. Sie sehen daran, was man alles finden kann. Statt z. B. bis zu 10 kg Schwefel anzuwenden, können Sie mit einigen Gramm eines Fungizids operieren, und das ist doch, meine ich, ein Wort.

Herr Feinendegen: Herr Büchel, ich habe eine kurze Frage im Hinblick auf die Kinetik des Ergosterols zum Beispiel in Candidamembranen. Wie ist die? Und damit verbunden noch die Frage: Gibt es einen Unterschied zwischen dem Umsatz des Ergosterols in der Membran und dem bei Anwendung des Azolderivates? Die Verweildauer des Ergosterols in der Membran wird ähnlich sein wie beim Cholesterol. Gibt es einen Unterschied bei Anwendung des Azolderivates?

Herr Büchel: Der „turn-over" von Sterolen nach Azolapplikation ist m. E. noch nie bestimmt worden. Zur Verweildauer von Wirkstoffen muß ich folgendes sagen: Wir haben zunächst einmal die Metabolierung, die man ja nachweisen und messen kann. Die geht bei den gesamten Beispielen relativ rasch. Man sieht es den Verbindungen fast auch chemisch an. Die haben so viele Angriffsstellen. Offensichtlich sind aber doch manchmal Präparate dem Metabolismus entzogen, wenn das Präparat im falschen Kompartiment der Zelle sitzt. Wir kennen nämlich auch die Dauerwirkung. Ich hatte ein Beispiel genannt: Wenn Sie Weizen beizen, ist er fünf Monate bis zum hohen Stand völlig frei von Mehltau. Das ist übrigens eine enorme wirtschaftliche Stärke. Aber genaue Zahlen habe ich da nicht parat. Inzwischen wird im übrigen auch an den Hochschulen viel darüber gearbeitet, insbesondere auch in England, z. B. in Long Ashton. Es gibt auch eine Gruppe in Eastlansing, wo sich einige mit der Thematik habilitiert haben. Da kann man also sehr viel machen, und es ist auch wissenschaftlich hochinteressant.

Herr Macher: In der klinischen Anwendung der Imidazolabkömmlinge fallen außer der hohen fungiziden Wirkung noch zwei weitere bemerkenswerte Eigenschaften auf, nämlich erstens, daß es praktisch keine Resistenzentwicklung gibt, und zweitens, daß sich keine Allergie dagegen entwickelt. Darüber kann man sich freuen. Aber kann man das auch erklären?

Herr Büchel: Die Allergieentwicklung kann ich vielleicht mit dem Hinweis versehen, daß das alles Substanzen sind, die ich als chemisch sehr neutral bezeichnen würde. Sie haben keine aggressiven reaktiven Gruppen.

Wenn Sie Anilaxin (Dyrene) betrachten, dann kann man sich schon denken, daß das Chlor noch so reaktiv ist, daß damit etwas passieren kann. Auch schon mit basischen Gruppen können Reaktionen eintreten, wenn man daran glaubt, daß Allergien etwas mit Reaktionen zu tun haben.

Die Erfahrung aus dem Labor zum Beispiel ist, daß reaktionsfähige Substanzen auch leicht allergische Effekte zeigen. Zur chemischen Inaktivität der Substanzen: Wenn Sie sich zum Beispiel das Canesten ansehen, dann ist das ein „toter Hund", wie man als Chemiker sagt, der sich nicht rührt. Sie müssen ihn schon sehr quälen, wenn Sie ihn wieder in eine Reaktion bringen wollen. Selbst hydrolytisch ist er recht stabil; er hydrolysiert sehr schwer. Da müssen Sie schon mit Basen oder mit Alkali herangehen. Das wäre eine Aussage dazu, daß keine Allergien erzeugt werden. Im Falle der Antimykotika haben wir manchmal sogar Hinweise auf antiphlogistische Effekte erhalten.

Über die Resistenz haben wir auch sehr viel philosophiert. Wir sind ja der Meinung, daß Resistenz naturgegeben ist und daß es ein Teil des biologischen Schöpfungsauftrages ist, daß jedes biologische System resistent sein muß; sonst kann es nicht überleben.

Wir haben hier wohl einen Mechanismus, gegen den man sich sehr schwer wehren kann. Ich will einmal ein Beispiel nennen. Sie kennen alle Phosphorsäureinsektizide. Ein Phosphorsäureesterinsektizid, selbst das alte E 605, ist natürlich sofort biologisch tot, wenn Sie es hydrolysieren. Hydrolyse im Organismus zerstört also den Wirkstoff, desaktiviert ihn. Und Resistenz gegen Phosphorester heißt ja nichts anderes, als daß die Organismen überlebt haben, die ein bißchen mehr Hydrolase haben. Wie der eine etwas mehr Muskelkraft hat, haben die eben mehr Hydrolase, und diese Spezies und ihre Nachkommen haben überlebt. Das ist eine einfache Selektionsresistenzentwicklung. Die Antwort heißt also: Es gibt im Falle der Azole noch keine klare Vorstellung, welcher chemische Abwehrprozeß sich aufbauen kann. Es gibt nur wenige Fälle, wo das so positiv ist wie hier bei den Azolen. Ich kann Ihnen Dutzende Beispiele nennen, wo die Entgiftung oder der Abbau erfolgt. Die DDT-resistenten Fliegen besitzen nichts anderes als etwas mehr DDT-Dehydrochlorinase – so heißt das Enzym, das hier HCl abspaltet. Es fliegt HCl heraus, und dann haben wir DDE – das ist DDT minus HCl –, und das ist biologisch inaktiv. Wenn eine Fliege so ein Enzym hat, dann ist das DDT für diese Fliege wie Puderzucker.

Es gibt im Fall der Azole also offensichtlich keinen natürlich vorhandenen chemischen Abbaumechanismus, und das wäre meine Erklärung dafür, daß sich Resistenzaufbau zumindest sehr schwer einstellt.

Ich muß darauf hinweisen, daß wir in der Landwirtschaft zwar keine Resistenz haben, aber inzwischen eine Selektion. Wir haben das Phänomen, daß es unwahrscheinlich viele Mehltaurassen gibt, wie ich es nie geglaubt hätte. Selbst die Fachleute sind immer wieder erstaunt. Es gibt allein in Europa 200 Mehltaurassen. Das kann nur ein Fachmykologe unter ich weiß nicht welcher Vergrößerung erkennen.

Diese verschiedenen Spezies sind natürlich von Natur aus unterschiedlich empfindlich. Wenn Sie jahrelang ein Präparat wie Bayleton einsetzen, dann überleben nur die, die von Natur aus diese geringe Empfindlichkeit haben, und dieses Phänomen haben wir auch gesehen. Wir haben eine Wirkungsabschwächung gefunden und neue Rassen entdeckt. Glücklicherweise ist aber die Vielfalt der Azole so, daß diese Rassen wieder durch andere Präparate erfaßt werden können. Folicur ist zum Beispiel ein solches Präparat, das Rassen erfaßt, die vom Bayleton nicht so erfaßt werden.

Das ist eigentlich keine Resistenz, keine plus-/minus-Situation, sondern eine biologische Verdrängung, die sich praktisch wie Resistenz auswirkt, aber an sich bisher gut beherrscht werden kann. Dann freut sich einmal der eine und einmal der andere Hersteller. Die Antwort heißt einfach: Man wechselt das Präparat.

Herr Wilke: Herr Büchel, Sie haben erwähnt, daß der Azolrest substituiert sein muß und zwar sterisch anspruchsvoll, z. B. mit einem Tritylrest. Kann man mit Hilfe des molecular modelling zeigen, daß man wirklich auf der einen Seite einen ganz großen Substituenten braucht? Bei fast allen Verbindungen, die Sie genannt haben, liegt ein großer Rest vor.

Herr Büchel: Nur ein Teil dessen, was an einem Stickstoff sitzt, dient ja an dem oberen Proteinteil als Hafthaken. Diese Haftung ist mit anderen Strukturen erreichbar. Die brauchen also einen Substituenten am Imidazol, um da oben dranzuhängen, und dann komplexiert das Imidazol vor allen Dingen durch diese Nahorientierung, die da mit dem Eisenatom des Porphyrins erreicht wird.

Herr Wilke: Diese Gruppen können eigentlich gar keine polaren Wechselwirkungen machen. Sind das nicht einfach Abstandsstücke, die Sie an dem Azolrest haben müssen?

Herr Büchel: Auszuschließen ist das nicht. Es war jedenfalls auffallend: Wir haben Untersuchungen von vielen, vielen Strukturen. Auch die Konkurrenz, die ICI, hat sehr schöne Arbeiten gemacht; das mußte sie, um die richtigen Patentlöcher zu finden, notgedrungen tun. In diesen Arbeiten wird immer wieder auf diese Hafthaken hingewiesen. Wenn Sie „Abstandsstück" sagen, dann frage ich fast: Was ist der Unterschied? Tatsache ist, daß das Imidazol dasjenige ist, was beim Porphyrin komplexiert, und da stört jeder Substituent direkt am Imidazol. Wenn Sie sich vorstellen, daß da noch eine dicke Methylgruppe wäre, dann ist das eine so große Störung.

Herr Wilke: Wenn nur ein kleiner Substituent vorhanden wäre, dann könnte natürlich der Azolrest ganz wunderbar an das Porphyrin herankommen.

Herr Büchel: Noch näher, als es schon ist? Ich muß noch auf folgendes hinweisen, und dabei plaudere ich etwas aus dem Nähkästchen. Diese ganzen molecularmodelling-Untersuchungen haben wir mehr mit Blick auf Nebenwirkungsverständnis als auf Wirkung betrieben! Denn durch die rein empirische Synthese sind wir vor Wirkung umgekommen – einfach aus meiner Hochrechnung, die ich anfangs zeigte. Sie können jede Kombination nehmen, und jede ist irgendwie wirksam, wenn auch natürlich nicht immer in der Spitze. Wir hatten nie das Problem der Wirkungsmaximierung. Wir haben immer das Problem gehabt, kinetische Daten in bezug auf praktische Ausbringungsfragen und Verbleib auf der Pflanze usw. oder auch das Problem beim Menschen, wie schnell es in der Haut ist, wie die Tiefenwirkung ist usw., aber natürlich auch Sicherheit in bezug auf Nebenwirkungen. Das ist das permanente Problem gewesen, nie die Wirkung.

Tatsache ist, daß die Azole schon genug haften. Der Bedarfsdruck ist von der Wirkung her nicht gegeben. Hochwirksame Azole gibt es genug. Ich kenne leider sehr viele gestorbene Azole – im Sinne von gestorben durch die Eigenkontrolle –, wo selbst die Prüfungs-Ärzte das Absetzen sehr bedauert haben.

Wir hatten einmal ein Azol, das phantastisch wirksam war. Ich habe übrigens ganz vergessen zu sagen, daß als erster immer der Chemiker im Selbstversuch schluckt, wenn es um die erste Menschenkinetik geht. Wir hatten also ein Azol, das oral entwickelt werden sollte, das nach etwa sechs Stunden in der Haut nachweisbar war. Man schluckte es, dann konnte man an der Haut schaben und es analytisch nachweisen. Das war phantastisch und wirkte hervorragend. Gestorben ist es an Nebenwirkungen. So hart sind heute die Bedingungen. Das Präparat führt auf Grund schneller Metabolisierung zu einem Leberstreß. Wenn man einen Patienten mit vorgeschädigter Leber hat, fällt das sofort auf und die Entwicklung wird gestoppt.

Herr Führ: Herr Büchel, es ist faszinierend, wenn man die letzten zwanzig Jahre verfolgt hat, auch hautnah durch Kooperation, zu sehen, wie der Fortschritt in der Analytik uns in die Lage versetzt hat, langsam an das heranzukommen, was die Pflanze im Laufe ihrer Entwicklungsbiologie immer wieder erneuert hat, nämlich Mechanismen zum Überleben. Sie sagten es schon: Resistenz ist keine Garantie auf Zukunft, sondern immer nur auf Zeit.

Sie erwähnten vorhin: 3 Gramm Raxil pro 100 Kilo Getreide geben einen Schutz über einen Zeitraum von fünf, sechs, sieben Wochen. Ich bringe also pro Hektar = 10 000 qm 6 Gramm aus, und es sind, wie wir zeigen konnten, wenige 100 Milligramm, die in dem ganzen Hektaraufwuchs den Schutz bringen. Hier kommen wir langsam an das heran, was einige Pflanzen wahrscheinlich auch – und es sind gleichfalls biochemische/chemische Mechanismen – im Kampf gegen Pilzangriffe entwickelt haben. Die Kosten, die durch die heutigen Anforderungen an den chemischen Pflanzenschutz entstehen – Sie haben sie genannt –, sind aber so immens, daß nach meiner Befürchtung am Ende dieses Jahrhunderts vielleicht weltweit noch fünf Firmen übrigbleiben, die auf diesem Gebiet weiter forschen werden. Meine große Sorge ist, und das wird heute vergessen: Wir in der Bundesrepublik leben wie die Made im Speck. Wir lassen zusätzlich zu den 12 Millionen Hektar, auf denen wir unsere Nahrung produzieren, 7 Millionen Hektar im Ausland für uns bewirtschaften – 7 Millionen Hektar, das muß man sich einmal vor Augen halten. Und weltweit nimmt die Bevölkerung jährlich um 280 Millionen zu. Die Weltbevölkerung hat sich von 1950 bis 1985 von 2,5 auf 5 Milliarden Menschen verdoppelt.

Aber die Landwirtschaft hat es u. a. durch die Fortschritte im chemischen Pflanzenschutz geschafft, die Weltbevölkerung heute besser zu ernähren als 1950, und zwar auf einer gleichbleibenden, ja eher abnehmenden landwirtschaftlichen Gesamtnutzfläche von 13,6 Millionen qkm. Es besteht weltweit keine Chance, die Fläche groß auszuweiten, im Gegenteil, wir verlieren täglich durch Besiedlung riesige Mengen an Land.

Erosionsprobleme sind zum Teil auch aufgrund von Herbizideinsatz zu sehen. Über die Hälfte der Verluste von 1% der Weltagrarfläche entfällt aber auf Besiedlung, Straßenbau usw. Ich habe deshalb die Sorge, ob es genug Innovation gibt, auch bei dem ständigen Wechsel der Pflanzenschutzwirkstoffe, der notwendig ist, speziell im Fungizidbereich, wenn es sich nur noch fünf Firmen leisten können, auf dem Gebiet Forschung zu betreiben.

Herr Büchel: Herr Führ, in dem, was Sie hier an wirtschaftlichen Perspektiven dargestellt haben, kann ich Ihnen nur zustimmen. So sind die Fakten. Daß wir in diesem Land nicht nur auf diesem Gebiet Emotionen haben, wissen wir ja. Meine Hoffnung ist, daß auch einmal Akademien gehört werden, um zur Besinnung zu kommen.

Ob es eine Sorge sein muß, wenn es nur fünf Firmen sind, hängt von deren

Erfolg ab. Ich kann Ihnen jedenfalls für Bayer sagen: Wir haben nicht umsonst 800 Millionen für ein Forschungszentrum ausgegeben, das in der Welt seinesgleichen sucht. Das haben wir getan, weil wir davon überzeugt sind, etwas Vernünftiges zu tun, und zwar nicht nur im Sinne der Wirtschaftlichkeit des Unternehmens, sondern weil wir sehen, daß es hier ein echtes Weltproblem gibt, wo wir gefordert sind. Wir lassen uns nicht von Modeströmungen in der Bundesrepublik das diktieren, was gerade schick ist, Modechemie im Reformhaus zu kaufen usw. Davon lebt die Welt nicht; das ist völlig klar.

Aber ich glaube, wir sollten das marktwirtschaftlich sehen. Wenn der Bedarf vorhanden ist, dann werden auch wieder ein paar Firmen etwas mehr tun; sie können da ja schnell reagieren.

Ich gebe Ihnen darin recht, daß wir zur Zeit unsere Forschung doch auf näherliegende Ziele konzentrieren und die längerfristigen Ziele aus wirtschaftlichen Gründen etwas verdünnt haben. Das sollten wir im übrigen aber einmal in der gesamten bundesrepublikanischen Forschungslandschaft sehen. Aus gutem Grunde werden zum Beispiel in der Großforschung in Jülich und an manchen Universitäten solche Themen gepflegt. Wir unterstützen dabei auch Kooperationen. Schließlich muß nicht alles in der Industrie getan werden. Sie wissen, daß wir durchaus Arbeiten laufen haben – vielleicht nicht genug –, wo wir mit Hilfe von wenig Chemie Resistenzmechanismen der Pflanzen initiieren.

Es gibt einen ganz legitimen Weg, der völlig verpönt ist, die Biotechnologie, die Gentechnik. Fahren Sie zum MPI Vogelsang; da können Sie das Leid und die Freude erfahren. Das ist eigentlich der hier technologisch vorgegebene Weg, aber um dessen Akzeptanz steht es sehr schlecht. Wir hoffen, daß wir mit dem Genstammgesetz jetzt zumindest die Mikroorganismen benutzen können, um einige gescheite Sachen zu produzieren. Aber dieses Gesetz wird wahrscheinlich auch nicht die Frage der Freisetzung von gentechnisch verbesserten Nutzpflanzen lösen. Das sage ich hier völlig unpolitisch, weil ja zur Zeit eine Aversion aufgebaut ist. Aber das wären eigentlich die konsequenten technischen Maßnahmen.

Wir können jedoch beruhigt sein: Ob wir es wollen oder nicht, die Welt entwickelt sich nicht nur nach der Nase der Bundesrepublik. So groß ist die Bundesrepublik nicht. Die Dinge werden sich beruhigen, und die Uhren werden weitergehen.

Im übrigen brauchen Sie nur eine Stunde mit dem Auto zu fahren, da können Sie Freilandversuche mit Petunien machen, in Belgien zum Beispiel. Das ist also schon innerhalb Europas ein Problem. Es ist eine bedauerliche Situation, daß sich die Bundesrepublik bei einigen Technologiefragen innerhalb Europas ins Abseits begibt.

Ich empfehle jedem, der sich dafür interessiert, das November-Heft 1988 von „Science" zu lesen. Da gibt es einen sehr netten Artikel zu der Thematik. Es wird mit Verwunderung festgestellt, daß sich in der bundesrepublikanischen Wissenschaft „Naziautokratien" in der Denkweise breitmachen. Man meint dann auch, es könnte nicht angehen, wenn in einem kommenden Europa in dem einen Land man für eine wissenschaftliche Arbeitsrichtung den Nobelpreis bekommen kann, in dem anderen Land aber dafür ins Gefängnis kommt, weil es verboten ist.

Herr Stoffel: Ich will die Diskussion nicht noch verlängern, aber dem Punkt, den Sie bezüglich der emotionellen Einstellung zur Gentechnologie usw. in unserem Land anschnitten, sollte man doch einen anderen Aspekt hinzufügen, und dafür ist, glaube ich, auch eine Akademie verantwortlich; denn es macht sich unter den jungen, wirklich begeisterten Studenten der Naturwissenschaften langsam eine Frustration breit, weil in unserem Land keine Umsetzung in Produkte mehr möglich ist. Die Großindustrie geht in die USA. Die Arbeitsplätze für die Molekularbiologen verschwinden einfach, und ich glaube, die Akademie muß Empfehlungen geben und irgendwie auf den Gesetzgeber einwirken.

Herr Büchel: Damit haben Sie völlig recht. Aber es ist so, was wir hier ansprechen, ist doch alles schon hundertmal gesagt, und zwar auch an relevanter Stelle. Diese Differenzierung, Nutzen der Gentechnik zum Produzieren von Stoffen oder Nutzungen für analytische Fragen, aber daß der Griff in die Keimbahn beim Menschen ein Tabu ist, das ist alles schon gesagt und meiner Ansicht nach auch zur Genüge gesagt.
Im übrigen sind wir in der Frage nicht allein. Sie sehen die Regelungen schon in aller Welt. Dänemark und Deutschland sind die einzigen Länder, in denen man ein Gengesetz hat bzw. diskutiert. Alle anderen Länder machen das auf dem Wege von Richtlinien. Aber machen wir halt ein Gesetz, doch hoffentlich ein richtiges, ein gutes. Leider tut man sich damit bisher schwer.
Wir brauchen in unserem Land in Technologie-Fragen unabhängige und kompetente Stimmen. Ich habe vorhin selbst gesagt: Eigentlich sollten Akademien hier ein Betätigungsfeld haben. Ich bin aber hier nur Gast und kann das nur anraten.

Veröffentlichungen
der Rheinisch-Westfälischen Akademie der Wissenschaften

Neuerscheinungen 1984 bis 1989

Vorträge N
Heft Nr.

NATUR-, INGENIEUR- UND
WIRTSCHAFTSWISSENSCHAFTEN

327	Hans-Heinrich Stiller, Jülich/Münster	Das Projekt Spallations-Neutronenquelle
	Klaus Pinkau, Garching	Stand und Aussichten der Kernfusion mit magnetischem Einschluß
328	Peter Starlinger, Köln	Transposition: Ein neuer Mechanismus zur Evolution
	Klaus Rajewsky, Köln	Antikörperdiversität und Netzwerkregulation im Immunsystem
329	Wilfried B. Krätzig, Bochum	Große Naturzugkühltürme – Bauwerke der Energie- und Umwelttechnik
	Helmut Domke, Aachen	Neue Möglichkeiten in der Konstruktiven Gestaltung von Bauwerken
330	Volker Ullrich, Konstanz	Entgiftung von Fremdstoffen im Organismus
331	Alexander Naumann †, Aachen	Fluiddynamische, zellphysiologische und biochemische Aspekte der Atherogenese unter Strömungseinflüssen
	Holger Schmid-Schönbein, Aachen	
332	Klaus Langer, Berlin	Die Farbe von Mineralen und ihre Aussagefähigkeit für die Kristallchemie
	Tasso Springer, Aachen/Jülich	Diffusionsuntersuchungen mit Hilfe der Neutronenspektroskopie
333	Wolfgang Priester, Bonn	Urknall und Evolution des Kosmos – Fortschritte in der Kosmologie
334	Raoul Dudal, Rom	Land Resources for the World's Food Production
	Siegfried Batzel, Herten	Der Weltkohlenhandel
335	Andreas Sievers, Bonn	Sinneswahrnehmung bei Pflanzen: Graviperzeption
336	Alain Bensoussan, Paris	Stochastic Control
	Werner Hildenbrand, Bonn	Über den empirischen Gehalt der neoklassischen ökonomischen Theorie
337	Jürgen Overbeck, Plön	Stoffwechselkopplung zwischen Phytoplankton und heterotrophen Gewässerbakterien
	Heinz Bernhardt, Siegburg	Ökologische und technische Aspekte der Phosphoreliminierung in Süßgewässern
338	Helmut Wolf, Bonn	Fortschritte der Geodäsie: Satelliten- und terrestrische Methoden mit ihren Möglichkeiten
	Friedel Hoßfeld, Jülich	Parallelrechner – die Architektur für neue Problemdimensionen
339	Claus Müller, Aachen	Symmetrie und Ornament (Eine Analyse mathematischer Strukturen der darstellenden Kunst)
		Jahresfeier am 9. Mai 1984
340	Karl Gertis, Essen	Energieeinsparung und Solarenergienutzung im Hochbau – Erreichtes und Erreichbares
	Paul A. Mäcke, Aachen	Die Bedeutung der Verkehrsplanung in der Stadtplanung – heute
341	Werner Müller-Warmuth, Münster	Einlagerungsverbindungen: Struktur und Dynamik von Gastmolekülen
	Friedrich Seifert, Kiel	Struktur und Eigenschaften magmatischer Schmelzen
342	Heinz Losse, Münster	Die Behandlung chronisch Nierenkranker mit Hämodialyse und Nierentransplantation
	Ekkehard Grundmann, Münster	Stufen der Carcinogenese
343	Otto Kandler, München	Archaebakterien und Phylogenie
	Achim Trebst, Bochum	Die Topologie der integralen Proteinkomplexe des photosynthetischen Elektronentransportsystems in der Membran
344	Marianne Baudler, Köln	Aktuelle Entwicklungstendenzen in der Phosphorchemie
	Ludwig von Bogdandy, Duisburg	Kontrolle von umweltsensitiven Schadstoffen bei der Verarbeitung von Steinkohle
345	Stefan Hildebrandt, Bonn	Variationsrechnung heute
346	3. Akademie-Forum	Umweltbelastung und Gesellschaft – Luft – Boden – Technik
	Hermann Flohn	Belastung der Atmosphäre – Treibhauseffekt – Klimawandel?
	Dieter H. Ehhalt	Chemische Umwandlungen in der Atmosphäre
	Fritz Führ u. a.	Belastung des Bodens durch lufteingetragene Schadstoffe und das Schicksal organischer Verbindungen im Boden
	Wolfgang Kluxen	Ökologische Moral in einer technischen Kultur
	Franz Josef Dreyhaupt	Tendenzen der Emissionsentwicklung aus stationären Quellen der Luftverunreinigung
	Franz Pischinger	Straßenverkehr und Luftreinhaltung – Stand und Möglichkeiten der Technik

347	Hubert Ziegler, München	Pflanzenphysiologische Aspekte der Waldschäden
	Paul J. Crutzen, Mainz	Globale Aspekte der atmosphärischen Chemie: Natürliche und anthropogene Einflüsse
348	Horst Albach, Bonn	Empirische Theorie der Unternehmensentwicklung
349	Günter Spur, Berlin	Fortgeschrittene Produktionssysteme im Wandel der Arbeitswelt
	Friedrich Eichhorn, Aachen	Industrieroboter in der Schweißtechnik
350	Heinrich Holzner, Wien	Hormonelle Einflüsse bei gynäkologischen Tumoren
351	4. Akademie-Forum	Die Sicherheit technischer Systeme
	Rolf Staufenbiel, Aachen	Die Sicherheit im Luftverkehr
	Ernst Fiala, Wolfsburg	Verkehrssicherheit – Stand und Möglichkeiten
	Niklas Luhmann, Bielefeld	Sicherheit und Risiko aus der Sicht der Sozialwissenschaften
	Otto Pöggeler, Bochum	Die Ethik vor der Zukunftsperspektive
	Axel Lippert, Leverkusen	Sicherheitsfragen in der Chemieindustrie
	Rudolf Schulten, Aachen	Die Sicherheit von nuklearen Systemen
	Reimer Schmidt, Aachen	Juristische und versicherungstechnische Aspekte
352	Sven Effert, Aachen	Neue Wege der Therapie des akuten Herzinfarktes
		Jahresfeier am 7. Mai 1986
353	Alarich Weiss, Darmstadt	Struktur und physikalische Eigenschaften metallorganischer Verbindungen
	Helmut Wenzl, Jülich	Kristallzuchtforschung
354	Hans Helmut Kornhuber, Ulm	Gehirn und geistige Leistung: Plastizität, Übung, Motivation
	Hubert Markl, Konstanz	Soziale Systeme als kognitive Systeme
355	Max Georg Huber, Bonn	Quarks – der Stoff aus dem Atomkerne aufgebaut sind?
	Fritz G. Parak, Münster	Dynamische Vorgänge in Proteinen
356	Walter Eversheim, Aachen	Neue Technologien – Konsequenzen für Wirtschaft, Gesellschaft und Bildungssystem –
357	Bruno S. Frey, Zürich	Politische und soziale Einflüsse auf das Wirtschaftsleben
	Heinz König, Mannheim	Ursachen der Arbeitslosigkeit: zu hohe Reallöhne oder Nachfragemangel?
358	Klaus Hahlbrock, Köln	Programmierter Zelltod bei der Abwehr von Pflanzen gegen Krankheitserreger
359	Wolfgang Kundt, Bonn	Kosmische Überschallstrahlen
	Theo Mayer-Kuckuk, Bonn	Das Kühler-Synchrotron COSY und seine physikalischen Perspektiven
360	Frederick H. Epstein, Zürich	Gesundheitliche Risikofaktoren in der modernen Welt
	Günther O. Schenck, Mülheim/Ruhr	Zur Beteiligung photochemischer Prozesse an den photodynamischen Lichtkrankheiten der Pflanzen und Bäume (‚Waldsterben')
361	Siegfried Batzel, Herten	Die Nutzung von Kohlelagerstätten, die sich den bekannten bergmännischen Gewinnungsverfahren verschließen
		Jahresfeier am 11. Mai 1988
362	Erich Sackmann, München	Biomembranen: Physikalische Prinzipien der Selbstorganisation und Funktion als integrierte Systeme zur Signalerkennung, -verstärkung und -übertragung auf molekularer Ebene
	Kurt Schaffner, Mülheim/Ruhr	Zur Photophysik und Photochemie von Phytochrom, einem photomorphogenetischen Regler in grünen Pflanzen
363	Klaus Knizia, Dortmund	Energieversorgung im Spannungsfeld zwischen Utopie und Realität
	Gerd H. Wolf, Jülich	Fusionsforschung in der Europäischen Gemeinschaft
364	Hans Ludwig Jessberger, Bochum	Geotechnische Aufgaben der Deponietechnik und der Altlastensanierung
	Egon Krause, Aachen	Numerische Strömungssimulation
365	Dieter Stöffler, Münster	Geologie der terrestrischen Planeten und Monde
	Hans Volker Klapdor, Heidelberg	Der Beta-Zerfall der Atomkerne und das Alter des Universums
366	Horst Uwe Keller, Katlenburg-Lindau	Das neue Bild des Planeten Halley – Ergebnisse der Raummissionen
	Ulf von Zahn, Bonn	Wetter in der oberen Atmosphäre (50 bis 120 km Höhe)
367	Jozef S. Schell, Köln	Fundamentales Wissen über Struktur und Funktion von Pflanzengenen eröffnet neue Möglichkeiten in der Pflanzenzüchtung
368	Frank H. Hahn, Cambridge	Aspects of Monetary Theory
370	Friedrich Hirzebruch, Bonn	Codierungstheorie und ihre Beziehung zu Geometrie und Zahlentheorie
	Don Zagier, Bonn	Primzahlen: Theorie und Anwendung
371	Hartwig Höcker, Aachen	Architektur von Makromolekülen
372	János Szentágothai, Budapest	Modulare Organisation nervöser Zentralorgane, vor allem der Hirnrinde
373	Rolf Staufenbiel, Aachen	Transportsysteme der Raumfahrt
	Peter R. Sahm, Aachen	Werkstoffwissenschaften unter Schwerelosigkeit
374	Karl-Heinz Büchel, Leverkusen	Die Bedeutung der Produktinnovation in der Chemie am Beispiel der Azol-Antimykotika und -Fungizide

ABHANDLUNGEN

Band Nr.

54	Richard Glasser, Neustadt a. d. Weinstr.	Über den Begriff des Oberflächlichen in der Romania
55	Elmar Edel, Bonn	Die Felsgräbernekropole der Qubbet el Hawa bei Assuan. II. Abteilung: Die althieratischen Topfaufschriften aus den Grabungsjahren 1972 und 1973
56	Harald von Petrikovits, Bonn	Die Innenbauten römischer Legionslager während der Prinzipatszeit
57	Harm P. Westermann u. a., Bielefeld	Einstufige Juristenausbildung. Kolloquium über die Entwicklung und Erprobung des Modells im Land Nordrhein-Westfalen
58	Herbert Hesmer, Bonn	Leben und Werk von Dietrich Brandis (1824–1907) – Begründer der tropischen Forstwirtschaft. Förderer der forstlichen Entwicklung in den USA. Botaniker und Ökologe
59	Michael Weiers, Bonn	Schriftliche Quellen in Moġolī, 2. Teil: Bearbeitung der Texte
60	Reiner Haussherr, Bonn	Rembrandts Jacobssegen. Überlegungen zur Deutung des Gemäldes in der Kasseler Galerie
61	Heinrich Lausberg, Münster	Der Hymnus ›Ave maris stella‹
62	Michael Weiers, Bonn	Schriftliche Quellen in Moġolī, 3. Teil: Poesie der Mogholen
63	Werner H. Hauss, Münster / Robert W. Wissler, Chicago, / Rolf Lehmann, Münster	International Symposium 'State of Prevention and Therapy in Human Arteriosclerosis and in Animal Models'
64	Heinrich Lausberg, Münster	Der Hymnus ›Veni Creator Spiritus‹
65	Nikolaus Himmelmann, Bonn	Über Hirten-Genre in der antiken Kunst
66	Elmar Edel, Bonn	Die Felsgräbernekropole der Qubbet el Hawa bei Assuan. Paläographie der althieratischen Gefäßaufschriften aus den Grabungsjahren 1960 bis 1973
67	Elmar Edel, Bonn	Hieroglyphische Inschriften des Alten Reiches
68	Wolfgang Ehrhardt, Athen	Das Akademische Kunstmuseum der Universität Bonn unter der Direktion von Friedrich Gottlieb Welcker und Otto Jahn
69	Walther Heissig, Bonn	Geser-Studien. Untersuchungen zu den Erzählstoffen in den „neuen" Kapiteln des mongolischen Geser-Zyklus
70	Werner H. Hauss, Münster / Robert W. Wissler, Chicago	Second Münster International Arteriosclerosis Symposium: Clinical Implications of Recent Research Results in Arteriosclerosis
71	Elmar Edel, Bonn	Die Inschriften der Grabfronten der Siut-Gräber in Mittelägypten aus der Herakleopolitenzeit
72	(Sammelband)	Studien zur Ethnogenese
	Wilhelm E. Mühlmann	Ethnogonie und Ethnogonese
	Walter Heissig	Ethnische Gruppenbildung in Zentralasien im Licht mündlicher und schriftlicher Überlieferung
	Karl J. Narr	Kulturelle Vereinheitlichung und sprachliche Zersplitterung: Ein Beispiel aus dem Südwesten der Vereinigten Staaten
	Harald von Petrikovits	Fragen der Ethnogenese aus der Sicht der römischen Archäologie
	Jürgen Untermann	Ursprache und historische Realität. Der Beitrag der Indogermanistik zu Fragen der Ethnogenese
	Ernst Risch	Die Ausbildung des Griechischen im 2. Jahrtausend v. Chr.
	Werner Conze	Ethnogenese und Nationsbildung – Ostmitteleuropa als Beispiel
73	Nikolaus Himmelmann, Bonn	Ideale Nacktheit
74	Alf Önnerfors, Köln	Willem Jordaens, Conflictus virtutum et viciorum. Mit Einleitung und Kommentar
75	Herbert Lepper, Aachen	Die Einheit der Wissenschaften: Der gescheiterte Versuch der Gründung einer „Rheinisch-Westfälischen Akademie der Wissenschaften" in den Jahren 1907 bis 1910
76	Werner H. Hauss, Münster / Robert W. Wissler, Chicago / Jörg Grünwald, Münster	Fourth Münster International Arteriosclerosis Symposium: Recent Advances in Arteriosclerosis Research
78	(Sammelband)	Studien zur Ethnogenese, Band 2
	Rüdiger Schott	Die Ethnogenese von Völkern in Afrika
	Siegfried Herrmann	Israels Frühgeschichte im Spannungsfeld neuer Hypothesen
	Jaroslav Šašel	Der Ostalpenbereich zwischen 550 und 650 n. Chr.
	András Róna-Tas	Ethnogenese und Staatsgründung. Die türkische Komponente bei der Ethnogenese des Ungartums

Register zu den Bänden 1 (Abh 72) und 2 (Abh 78)

Sonderreihe PAPYROLOGICA COLONIENSIA

Vol. I
Aloys Kehl, Köln — Der Psalmenkommentar von Tura, Quaternio IX

Vol. II
Erich Lüddeckens, Würzburg,
P. Angelicus Kropp O. P., Klausen,
Alfred Hermann und Manfred Weber, Köln — Demotische und Koptische Texte

Vol. III
Stephanie West, Oxford — The Ptolemaic Papyri of Homer

Vol. IV
Ursula Hagedorn und Dieter Hagedorn, Köln,
Louise C. Youtie und Herbert C. Youtie, Ann Arbor — Das Archiv des Petaus (P. Petaus)

Vol. V
Angelo Geißen, Köln
Wolfram Weiser, Köln — Katalog Alexandrinischer Kaisermünzen der Sammlung des Instituts für Altertumskunde der Universität zu Köln
  Band 1: Augustus-Trajan (Nr. 1–740)
  Band 2: Hadrian-Antoninus Pius (Nr. 741–1994)
  Band 3: Marc Aurel-Gallienus (Nr. 1995–3014)
  Band 4: Claudius Gothicus–Domitius Domitianus, Gau-Prägungen, Anonyme Prägungen, Nachträge, Imitationen, Bleimünzen (Nr. 3015–3627)
  Band 5: Indices zu den Bänden 1 bis 4

Vol. VI
J. David Thomas, Durham — The epistrategos in Ptolemaic and Roman Egypt
  Part 1: The Ptolemaic epistrategos
  Part 2: The Roman epistrategos

Vol. VII — Kölner Papyri (P. Köln)
Bärbel Kramer und Robert Hübner (Bearb.), Köln — Band 1
Bärbel Kramer und Dieter Hagedorn (Bearb.), Köln — Band 2
Bärbel Kramer, Michael Erler, Dieter Hagedorn und Robert Hübner (Bearb.), Köln — Band 3
Bärbel Kramer, Cornelia Römer und Dieter Hagedorn (Bearb.), Köln — Band 4
Michael Gronewald, Klaus Maresch und Wolfgang Schäfer (Bearb.), Köln — Band 5
Michael Gronewald, Bärbel Kramer, Klaus Maresch, Maryline Parca und Cornelia Römer (Bearb.) — Band 6

Vol. VIII
Sayed Omar (Bearb.), Kairo — Das Archiv des Soterichos (P. Soterichos)

Vol. IX
Dieter Kurth, Heinz-Josef Thissen und Manfred Weber (Bearb.), Köln — Kölner ägyptische Papyri (P. Köln ägypt.)
  Band 1

Vol. X
Jeffrey S. Rusten, Cambridge, Mass. — Dionysius Scytobrachion

Vol. XI
Wolfram Weiser, Köln — Katalog der Bithynischen Münzen der Sammlung des Instituts für Altertumskunde der Universität zu Köln
  Band 1: Nikaia. Mit einer Untersuchung der Prägesysteme und Gegenstempel

Vol. XII
Colette Sirat, Paris u. a. — La *Ketouba* de Cologne. Un contrat de mariage juif à Antinoopolis

Vol. XIII
Peter Frisch, Köln — Zehn agonistische Papyri

Vol. XIV
Ludwig Koenen, Ann Arbor
Cornelia Römer (Bearb.), Köln — Der Kölner Mani-Kodex.
Über das Werden seines Leibes. Kritische Edition mit Übersetzung.

If you have any concerns about our products,
you can contact us on
ProductSafety@springernature.com

In case Publisher is established outside the EU,
the EU authorized representative is:
**Springer Nature Customer Service Center GmbH
Europaplatz 3, 69115 Heidelberg, Germany**

Printed by Libri Plureos GmbH
in Hamburg, Germany